计算机系列教材

计算机电子类基础实验指导书

主　编　王春波
副主编　朱卫霞　余良俊

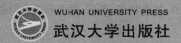
武汉大学出版社

图书在版编目(CIP)数据

计算机电子类基础实验指导书/王春波主编.—武汉:武汉大学出版社,2009.8
计算机系列教材
ISBN 978-7-307-07220-6

Ⅰ.计…　Ⅱ.王…　Ⅲ.①电子计算机—电子电路—高等学校—教学参考资料②电子技术—高等学校—教学参考资料　Ⅳ.TP331　TN

中国版本图书馆 CIP 数据核字(2009)第 079651 号

责任编辑:林　莉　　责任校对:王　建　　版式设计:支　笛

出版发行:**武汉大学出版社**　(430072　武昌　珞珈山)
（电子邮件:cbs22@whu.edu.cn 网址:www.wdp.com.cn）
印刷:武汉珞珈山学苑印务有限公司
开本:787×1092　1/16　印张:11.25　字数:272 千字
版次:2009 年 8 月第 1 版　　2009 年 8 月第 1 版第 1 次印刷
ISBN 978-7-307-07220-6/TP·336　　定价:20.00 元

版权所有,不得翻印;凡购买我社的图书,如有缺页、倒页、脱页等质量问题,请与当地图书销售部门联系调换。

计算机系列教材编委会

主　　任：王化文，武汉科技大学中南分校信息工程学院院长，教授
编　　委：（以姓氏笔画为序）
　　　　　万世明，武汉工交职业学院计算机系主任，副教授
　　　　　王代萍，湖北大学知行学院计算机系主任，副教授
　　　　　龙　翔，湖北生物科技职业学院计算机系主任
　　　　　张传学，湖北开放职业学院理工系主任
　　　　　陈　晴，武汉职业技术学院计算机技术与软件工程学院院长，副教授
　　　　　何友鸣，中南财经政法大学武汉学院信息管理系教授
　　　　　杨宏亮，武汉工程职业技术学院计算中心
　　　　　李守明，中国地质大学（武汉）江城学院电信学院院长，教授
　　　　　李晓燕，武汉生物工程学院计算机系主任，教授
　　　　　吴保荣，湖北经济学院管理技术学院信息技术系主任
　　　　　明志新，湖北水利水电职业学院计算机系主任
　　　　　郝　梅，武汉商业服务学院信息工程系主任，副教授
　　　　　黄水松，武汉大学东湖分校计算机学院，教授
　　　　　曹加恒，武汉大学珞珈学院计算机科学系，教授
　　　　　章启俊，武汉商贸学院信息工程学院院长，教授
　　　　　郭盛刚，湖北工业大学工程技术学院，主任助理
　　　　　谭琼香，武汉信息传播职业技术学院网络系
　　　　　戴远泉，湖北轻工职业技术学院信息工程系副主任，副教授
执行编委：林　莉，武汉大学出版社计算机图书事业部主任
　　　　　支　笛，武汉大学出版社计算机图书事业部编辑

序

近五年来，我国的教育事业快速发展，特别是民办高校、二级分校和高职高专发展之快、规模之大是前所未有的。在这种形势下，针对这类学校的专业培养目标和特点，探索新的教学方法，编写合适的教材成了当前刻不容缓的任务。

民办高校、二级分校和高职高专的目标是面向企业和社会培养多层次的应用型、实用型和技能型的人才，对于计算机专业来说，就要使培养的学生掌握实用技能，具有很强的动手能力以及从事开发和应用的能力。

为了满足这种需要，我们组织多所高校有丰富教学经验的教师联合编写了面向民办高校、二级分校和高职高专学生的计算机系列教材，分本科和专科两个层次。本系列教材的特点是：

1．兼顾系统性和先进性。教材既注重了知识的系统性，以便学生能够较系统地掌握一门课程，同时对于专业课，瞄准当前技术发展的动向，力求介绍当前最新的技术，以提高学生所学知识的可用性，在毕业后能够适应最新的开发环境。

2．理论与实践结合。在阐明基本理论的基础上，注重了训练和实践，使学生学而能用。大部分教材编写了配套的上机和实训教程，阐述了实训方法、步骤，给出了大量的实例和习题，以保证实训和教学的效果，提高学生综合利用所学知识解决实际问题的能力和开发应用的能力。

3．大部分教材制作了配套的多媒体课件，为教师教学提供了方便。

4．教材结构合理，内容翔实，力求通俗易懂，重点突出，便于讲解和学习。

诚恳希望读者对本系列教材缺点和不足提出宝贵的意见。

编委会

2005 年 8 月 8 日

前 言

  实验是教学中的一个重要环节。对巩固和加深课堂教学内容，提高学生实际工作技能，培养科学作风，为学习后续课程和从事实践技术工作奠定基础具有重要作用。为适应高校培养应用型人才和教学改革不断深入的需要，我们在多年的教学实践和教学改革的基础上，编写了这本实验指导书。

  本书为实验教学类用书，是工科计算机电子类专业学生学习电子电路类系列课程的实验指导书，实验教材的内容涉及电路分析、模拟电子技术和数字电子技术，共选编实验 37 个，其中综合性实验 3 个。根据专业和学时的不同，可对实验内容进行不同的组合，以满足不同专业、不同学时对实验教学的需要。

  本次编写力求理论联系实际，使学生能受到计算机和电子专业的基本技能训练，培养学生分析问题和解决问题的能力。本书由湖北大学知行学院王春波主编，其中"电路分析实验指导部分"由湖北大学知行学院王春波编写，"线性电子线路实验指导部分"由武汉科技大学中南分校朱卫霞编写，"数字逻辑电路实验指导部分一、二"由湖北大学知行学院王春波、中国地质大学江城学院余良俊编写，最后由王春波主审定稿。限于时间和编者的水平，书中不妥和错误之处在所难免，恳请广大读者批评指正。

编 者

2009 年 5 月

目　录

第一部分　电路分析实验指导

实验一　万用表的使用 ……………………………………………………………… 3
实验二　基尔霍夫定律、叠加原理及戴维南定理 ………………………………… 6
实验三　电抗的频率特性 …………………………………………………………… 9
实验四　谐振电路的研究 …………………………………………………………… 11
实验五　互感耦合谐振电路 ………………………………………………………… 13
实验六　变压器的基本特性测试 …………………………………………………… 16
实验七　信号波形的观察与测试 …………………………………………………… 19
实验八　RC 电路的暂态 …………………………………………………………… 22

第二部分　电子技术基础实验指导

实验一　示波器的使用 ……………………………………………………………… 27
实验二　二极管、三极管的检测与单极放大器 …………………………………… 37
实验三　负反馈放大器 ……………………………………………………………… 42
实验四　运算放大器 ………………………………………………………………… 45
实验五　互补对称功率放大器 ……………………………………………………… 49
实验六　直流稳压电源 ……………………………………………………………… 51

第三部分　数字电路实验指导一

实验一　集成逻辑门及其应用 ……………………………………………………… 57
实验二　组合逻辑电路设计与测试 ………………………………………………… 62
实验三　触发器及其应用 …………………………………………………………… 65
实验四　计数、译码、显示 ………………………………………………………… 70
实验五　移位寄存器及其应用 ……………………………………………………… 78
实验六　555 定时器及其应用 ……………………………………………………… 83
实验七　抢答器的设计——综合性实验 …………………………………………… 90

第四部分　数字逻辑电路实验二

实验一　TTL 门电路参数测试 ……………………………………………………… 97

实验二　TTL 门电路的逻辑功能测试 ································· 101
实验三　TTL 集电极开路门和三态输出门测试 ····················· 103
实验四　编码器及其应用 ·· 107
实验五　译码器及其应用 ·· 110
实验六　数码管显示实验 ·· 113
实验七　加法器与数值比较器 ··· 117
实验八　移位寄存器及其应用 ··· 122
实验九　计数器及其应用 ·· 126
实验十　脉冲分配器及其应用 ··· 132
实验十一　多谐振荡器 ··· 134
实验十二　555 定时器及其应用 ······································ 137
实验十三　D/A 转换实验 ·· 144
实验十四　A/D 转换实验 ·· 148
实验十五　多功能数字钟的设计 ······································ 151
实验十六　四路智力竞赛抢答器 ······································ 156

附　录　部分集成电路引脚排列图 ································· 159

第一部分 电路分析实验指导

第一部分 申报公林实绩报告

实验一　万用表的使用

一、实验目的

1. 熟练掌握万用表的使用方法，学习直流电压、电流、交流电压、电阻的测量技术。
2. 了解万用表的内阻对被测电压、电流的影响。

二、实验器材

1. 直流电压电源一台。
2. 万用表两块。
3. 电阻（510Ω 两只，1kΩ、2kΩ、3kΩ、56kΩ 各一只）。
4. 实验接线箱及连接导线。

三、实验内容及步骤

1. 实验电路。
2. 测量支路电压和电流。

如图 1-1-1 所示正确连接电路，3V 电源由稳压电源取得，并注意电源的正负极。然后，分别用万用表电压挡和电流挡测量开关 K 断开和闭合时支路电压和电流，并记录于表 1-1-1 中。

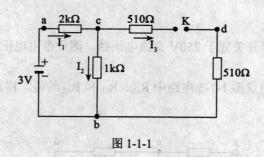

图 1-1-1

表 1-1-1

	I_1	I_2	I_3	U_{ac}	U_{cd}	U_{cb}	U_{db}
K 断开							
K 闭合							

3．伏安法测电阻值。

用电压表、电流表来测量电阻的方法为"伏安法"。

此方法是用电流表测量通过电阻的电流 I，用电压表测量它两端的电压 U，然后根据欧姆定律：R=U/I 来决定未知电阻的数值。式中 U、I 为电压表和电流表的读数。

测量电路有两种。如图1-1-2（a）和（b）所示，分别用两种接法对 510Ω 和 56kΩ 电阻进行测量，记录当电压表读数为 1V、3V、5V 的电流表的读数，将其填于表 1-1-2 中，并计算电阻值。

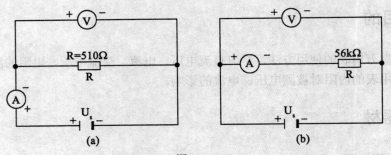

图 1-1-2

表 1-1-2

	U_s（V）	接法（a）			接法（b）		
		1	3	5	1	3	5
510Ω	I（mA）						
	$R=\dfrac{U}{I}$（Ω）						
56kΩ	I（mA）						
	$R=\dfrac{U}{I}$（kΩ）						

4．交流电压的测量。

将万用表的范围选择开关置于 250V 交流电压挡，测量市电电压。

5．电阻值的测量。

用万用表的欧姆挡测量图 1-1-3 电路中 R_{ab}、R_{cb} 和 R_{cd} 的值，将其记录于表 1-1-3 中，并与计算值相比较。

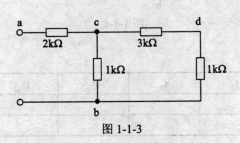

图 1-1-3

表 1-1-3

	R_{ab}	R_{cb}	R_{cd}
测量值			
计算值			

四、实验注意事项

1．正确使用万用表，包括正确选择测量项目、测量限度、倍率；正确连接万用表；正确操作和正确读数。

2．测量实验电路中的电压、电流时，注意调准并保持各电源的输出电压值不变，其电压值以万用表测量的数值为准。

五、实验报告

1．用表 1-1-2 测得的数据比较两种测电阻的方法的差异，得出结论，并说明原因。

2．总结这次实验的收获体会。

实验二　基尔霍夫定律、叠加原理及戴维南定理

一、实验目的

验证基尔霍夫定律、叠加原理及戴维南定理,并加深对基尔霍夫定律、叠加原理及戴维南定理的理解。

二、实验器材

1. 直流稳压电源一台。
2. 万用表两块。
3. 电阻箱一块。
4. 电阻（1kΩ、2kΩ、3kΩ 各一只）。
5. 实验箱及连接导线。

三、实验内容及方法

1. 基尔霍夫定律。
（1）计算图 1-2-1 电路中各支路电流及各段电路的电压值,并记录于表 1-2-1 中。
（2）如图 1-2-1 所示连接电路,其中 U_1 与 U_2 由稳压电源输出 15V 和 5V 电压,连接时应特别注意其正负极性。

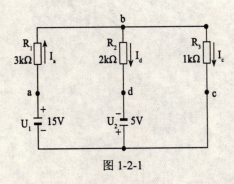

图 1-2-1

（3）用万用表 10mA 挡测量各支路电流值,并记录于表 1-2-1 中。
（4）用万用表直流电压挡测量各段电路的电压值,并记录于表 1-2-1 中。

表 1-2-1

	电流（mA）			电压（V）				
	I_a	I_d	I_c	U_{ab}	U_{bd}	U_{da}	U_{dc}	U_{ac}
计算值								
实测值								

2．叠加原理。

（1）图 1-2-2 和图 1-2-3 是图 1-2-1 的两个分图。先计算出 $U_1=15$ V 单独作用时 R_3 支路的电流 I_c'，并将计算值记录于表 1-2-2 中。

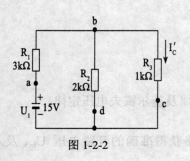
图 1-2-2

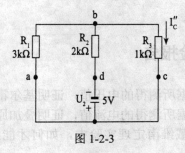
图 1-2-3

表 1-2-2

	I_C（mA）	I_C'（mA）	I_C''（mA）
I_C（mA）			
计算值			
测量值			

（2）按图 1-2-2 连接电路，测出 I_c' 的值，并记录于表 1-2-2 中。
（3）按图 1-2-3 连接电路，测出 I_c'' 的值，并记录于表 1-2-2 中。
（4）将表 1-2-1 中 I_c 值（计算值和测量值）记录于表 1-2-2 中。

3．戴维南定理。

（1）在图 1-2-1 的电路中，断开 R_3 支路，计算出 b、c 两点间开路电压 U_{bck} 并记录于表 1-2-3 中；将电源 $U_1=15$V 和 $U_2=5$V 置零（即导线代替）计算出 b、c 间的入端电阻 R_{bck} 并记录于表 1-2-3 中。

表 1-2-3

	U_{bck}（V）	R_{bck}（kΩ）	I_c（mA）
计算值			
测量值			

（2）根据图 1-2-1 所示电路，测出 b、c 间的开路电压 U_{bck}，并记录于表 1-2-3 中；将电源 $U_1=15$V 及 $U_2=5$V 置零，测出 b、c 间的入端电阻 R_{bck}，并记录于表 1-2-3 中。
（3）根据表 1-2-3 中的 U_{bck} 和 R_{bck} 的测量值，连成图 1-2-4 的电路，其中 U_{bck} 由直流稳

定电源获得，R_{bck} 由电阻箱获得，R_3（1kΩ）仍用电阻器。测出 c 点电流 I_c 的值，并记录于表 1-2-3 中，连接电路时应注意 U_{bck} 的正负极性。

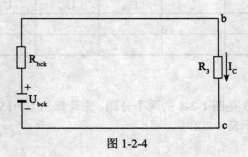

图 1-2-4

四、实验报告

1. 根据所测得的电压值，证明基尔霍夫电流定律及基尔霍夫电压定律。
2. 根据所测得的电流值，证明叠加原理。
3. 在戴维南定理实验中，如何才能从原来电路获得准确的开路电压 U_{bck} 及入端电阻 R_{bck}？

实验三　电抗的频率特性

一、实验目的

1. 学会低频信号发生器及毫伏表的使用方法。
2. 加深理解电感抗和电容抗与频率的关系。

二、实验器材

1. 低频信号发生器一台。
2. 毫伏表一台。
3. 电阻箱一台。
4. 电容器（0.01μF）一只。
5. 电感线圈（4.7mH、3.3mH各一只）。
6. 万用表一块。
7. 实验箱及连接导线。

三、实验内容及方法

1. 电感抗的频率特性。

（1）如图1-3-1所示连接电路。其中100Ω的电阻由电阻箱获得。注意信号发生器的连接。

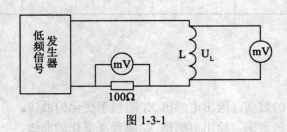

图1-3-1

（2）调节低频信号发生器的输出电压，使电路中的电流为0.1mA，为此可用毫伏表测量100Ω电阻两端的电压（应为10mV）。在整个过程中，都要保持电路中的电流为0.1 mA，所以每当改变低频信号发生器的频率时，都要保持100Ω电阻两端的电压为10mV。

（3）按表1-3-1中的频率数值，逐一改变信号发生器的频率，再调节信号发生器的输出电压，使电路中电流始终保持为0.1 mA，然后再测电感电压U_L，并将所得到的U_L值记录于

表 1-3-1 中。

f (kHz)	2	4	6	8	10	12	14	16	18
U_L (mV)									
$X_L=\dfrac{U_L}{I}$ (Ω)									

表 1-3-1

(4) 根据所测得的电压 U_L 值，计算电感抗的值，将计算结果记录于表 1-3-1 中。

2. 电容抗的频率特性。

(1) 如图 1-3-2 所示连接电路。仍然保持电路的电流为 0.1 mA。100Ω 电阻由电阻箱获得。

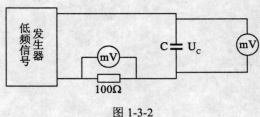

图 1-3-2

(2) 按表 1-3-2 中的频率数值，逐一改变信号发生器的频率，调节信号发生器的输出电压，保持电路中电流为 0.1 mA，测出电容 C 两端的电压 U_C，并记录于表 1-3-2 中。

(3) 根据所测得的电容 C 的电压 U_C，计算电容抗的值，将计算结果记录于表 1-3-2 中。

表 1-3-2

f (kHz)	2	4	6	8	10	12	14	16	18
U_C (mV)									
$X_C=\dfrac{U_C}{I}$ (Ω)									

四、实验报告

1. 根据表 1-3-1 中的数据，绘出电感抗 X_L 随频率变化的曲线。
2. 根据表 1-3-2 中的数据，绘出电感抗 X_C 随频率变化的曲线。

实验四　谐振电路的研究

一、实验目的

1. 学会用实验方法确定电路的谐振频率和品质因数。
2. 加深对谐振电路频率特性的理解。
3. 学习测量单谐振电路谐振曲线的方法。

二、实验器材

1. 低频信号发生器一台。
2. 毫伏表一台。
3. 电感线圈两只（4.7mH、3.3mH）。
4. 电容器一只（0.01μF）。
5. 电阻三只（10Ω、100Ω、10kΩ）。
6. 电阻箱一块。

三、实验内容及方法

1. 串联谐振曲线的测量。

（1）按图 1-4-1 连接实验电路，并根据实验电路参数，计算电路的谐振频率 f_0。

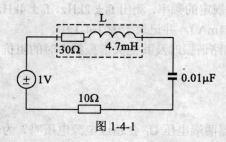

图 1-4-1

（2）按图 1-4-1 连接电路，其中 R=10Ω 由电阻箱获得，信号发生器置于正弦波。调整信号发生器的输出旋钮使其输出电压保持 1V（用毫伏表测量）。

（3）调整信号发生器的输出频率，使电路发生谐振。这可从 R 两端的电压变化来确定（毫伏表指示输出最大）。此时为串联谐振。信号发生器的输出电压保持 1V，将谐振频率 f_0 及谐振时电阻 R 的电压 U_R 记录于表 1-4-1 中。

（4）测量谐振时电容 C 两端的电压 U_C 值，并记录于表 1-4-1 中。

（5）按照与谐振频率相差 2kHz，即 f_0+2kHz 或 f_0-2kHz，调整信号发生器的输出频率（仍保持输出电压为 1V），测出这时的 U_R 及 U_C 值，记录于表 1-4-1 中。

（6）按照表 1-4-1 中所规定的频率，测出 $f_0\pm 4kHz$ 及 $f_0\pm 6kHz$ 时的 U_R 及 U_C，记入上表中。

（7）根据表 1-4-1 中 U_R 的值，计算出电路电流的值，记录于表 1-4-1 中。

2．并联谐振曲线的测量。

（1）如图 1-4-2 所示连接，其中 R_0 为可变电阻器，由电阻箱获得。

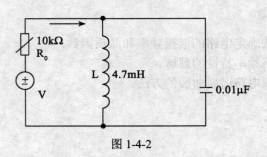

图 1-4-2

（2）调节信号发生器的频率，观察电阻 R_0 上电压的变化，当其值最小时，电路谐振，然后再调节信号发生器的输出电压，使电路的电流为 0.1mA，即毫伏表指示的 $U_{R_0}=1V$，测出电容两端的电压 U_C 值，将谐振频率 f_0 及 U_C 值记录于表 1-4-1 中。

表 1-4-1（I=0.1mA）

f（kHz）	F_0-6	F_0-4	F_0-2	F_0	F_0+2	F_0+4	F_0+6
U_C（V）							
Z（kΩ）							

（3）按照表 1-4-1 中所规定的频率，测出 $f_0\pm 2kHz$，$f_0\pm 4kHz$，$f_0\pm 6kHz$ 时的 U_C 值（此时应保持电路中的电流为 0.1mA），并记录于表 1-4-1 中。

（4）计算出并联谐振电路谐振时及其他失谐振频率时的阻抗 Z 值，并记录于表 1-4-1 中。

四、实验报告

1．串联谐振时，电容器两端电压 U_C 会超过电源电压吗？为什么？
2．串联谐振时，电阻器 R 两端的电压为什么与电源电压不相等？为什么？
3．根据表 1-4-1 所记录的数值，绘出 I—f 及 U_C—f 曲线。
4．根据表 1-4-1 所记录的数值，绘出 Z—f 曲线。
5．用谐振曲线求出串、并联谐振电路的品质因数 Q。

实验五　互感耦合谐振电路

一、实验目的

1. 学会互感耦合电路发生器各种谐振的调谐方法。
2. 加深理解互感耦合电路发生各种谐振的谐振条件和频率特性。

二、实验器材

1. 信号发生器一台。
2. 毫伏表一台。
3. 交流电流表一块。
4. 电阻一只（51Ω）。
5. 互感耦合电路实验箱一个。

三、实验内容及步骤

1. 互感耦合电路的调谐。

按照图 1-5-1 连接电路，将两个线圈间的距离调至最大，两个电容的动片全部旋入，此时两圈的互感 M 最小，电容 C_1、C_2 为最大，此状态为本实验的初始状态。

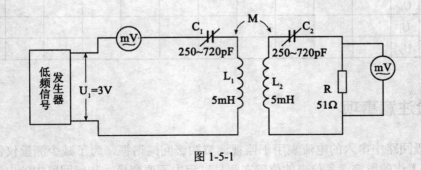

图 1-5-1

电路中 C_1、C_2 为可调电容，互感耦合系数的调节是通过调节两线圈间的距离（即调节两线圈的互感量 M）来实现的，调谐频率为 90kHz。每调节一种谐振状态之前，应将电路恢复为初始状态。

(1) 调节电路达到初级部分谐振和次级部分谐振,此时两线圈间距离保持最大。
(2) 调节电路达到初级复谐振和次级复谐振,两线圈间距离从最大开始调节。
(3) 调节电路达到全谐振,此时两线圈间距离为最大。
(4) 调节电路达到最佳谐振。

将各谐振状态时的初级回路电流值、次级回路输出电压值、两线圈间的距离,记录于表 1-5-1 中。

表 1-5-1

调谐种类	部分谐振		复谐振		全谐振	最佳全谐振
可调元件	C_1(初)	C_2(初)	C_1、M(初)	C_2、M(初)	C_1、C_2、M	C_1、C_2、M
磁棒距离						
输出电压 U_R						
谐振条件						

2. 测量互感耦合电路的频率特性。

在上述实验使电路已达到最佳全耦合状态的基础上,测量以下频率特性(频率变化范围为 60~110kHz)。

(1) 测量临界耦合的频率特性。
(2) 增大互感量 M,测量紧耦合的频率特性。两线圈间距离可调至 6~7cm。
(3) 减小互感量 M,测量松耦合的频率特性。两线圈间距离可调至最远。把三种情况下测量的频率特性记录于表 1-5-2 中。

表 1-5-2

	f								
临界耦合	U_I								
	U_R								
紧耦合	U_I								
	U_R								
松耦合	U_I								
	U_R								

四、实验注意事项

1. 初级回路中串入的电流表用于监视调节初级回路谐振,为了减少测量仪器的接入与取出对电路工作的影响,各仪表的位置在测量过程中不要变换,初级回路中的电流在调谐和测量过程中均应接入电路。

2. 调节电路达到复谐振时,必须反复细致调节 C_1(C_2)及 L_1 与 L_2 间的距离,使次级回路电流达到最大,方完成复谐振电路的调谐。

3．在将电路调节到最佳全谐振后测量其频率特性时，往往会出现在峰值处的频率略有偏移，这是因为磁芯线圈的电感量在调节的过程中略有变化所致，为了使峰点不偏移，可以再略微调节电容 C_1 或 C_2，使输出电压为最大即可。

4．测量频率特性时，应注意保持信号发生器输出电压 $U_1=3V$，以毫伏表测量为准。

5．测量频率特性时，各测量点的频率应随频率特性曲线的变化而选定，在波峰、波谷附近处，测量点应取密些。

五、实验报告

1．列写出各种谐振状态、频率特性的测量数据表。
2．绘制频率特性曲线。
3．分析实验结果。

实验六　变压器的基本特性测试

一、实验目的

1. 验证变压器的基本特性。
2. 熟悉变压器主要技术指标的测试方法。
3. 学会判断同名端。

二、实验器材

1. 低频信号发生器一台。
2. 毫伏表一台。
3. 万用表一块。
4. 稳压电源一台。
5. 电阻箱一块。
6. 电阻 10Ω 两只。

三、实验内容及方法

1. 用万用表测量所给变压器各绕组的直流电阻及各绕组交流电压，并鉴别变压器的好坏。

2. 变压器同名端的判别。

一只单相变压器的初级或次级，常由两个以上的线圈串联或并联组成，以便获得多种电压或电流。但连接时，线圈间的极性必须正确，否则就会形成错误的电压关系，甚至烧坏变压器。

如果各绕组的极性没有标出，就需要用测验方法判断出同名端和异名端，这个判定过程也叫做变压器理相。

同名端的判定方法很多，常用方法如下：电路如图 1-6-1 所示，通过观察当开关 K 接通瞬间，电压表指针是顺时针摆动还是逆时针摆动，来确定 a、b、c、d 哪两个线圈的同名端，因为同名端也就是感应电压的同极性端。如果表针顺时针摆动，则 a、c 同属高电位端，因而是同名端；如果表针逆时针摆动，则 a、c 属不同极性，是异名端。

3. 确定变压器的匝比。

当变压器初、次级绕组的匝比关系不清楚时，可根据变压器的基本特性，通过实验确定。例如，我们实验用的变压器，不知其匝比则可采用如图 1-6-2 所示电路实际测定。

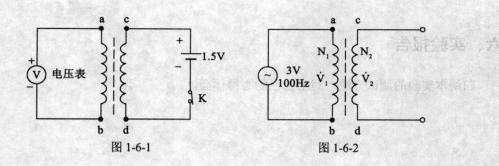

图 1-6-1　　　　　　　　图 1-6-2

信号发生器的输出电压为 3V，频率为 100Hz。用毫伏表分别测出初、次级电压，即可用下式算出变压器的匝比。

$$\frac{U_1}{U_2}=\frac{N_1}{N_2}$$

四、验证

$$\frac{N_1}{N_2}=\frac{I_2}{I_1}(或\frac{I_2}{I_1}=\frac{U_1}{U_2})$$

按图 1-6-3 连接电路，低频信号发生器的输出电压调到 5V，用毫伏表测出 U_{r_1} 和 U_{r_2}。

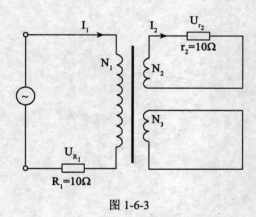

图 1-6-3

计算 $I_1=\frac{U_{R_1}}{10\Omega}$；$I_2=\frac{U_{R_2}}{10\Omega}$。

五、实验注意事项

1. 本实验要使用 220V 交流市电，务必注意人身和仪表安全。
2. 变压器的使用，不应超过其额定值，当不知道定值时，实验时要加小电压，只要满足实验就行。

六、实验报告

归纳本实验的测试方法,写出自己的心得体会。

实验七　信号波形的观察与测试

一、实验目的

1. 学习信号发生器、毫伏表、示波器的使用方法。
2. 观察典型信号的波形，掌握幅度、周期和频率的测试方法。

二、实验器材

1. 信号发生器。
2. 毫伏表。
3. 双踪示波器。
4. 直流稳压电源。
5. 万用表。

三、实验内容和方法

1. 直流信号电压幅度的测量。

将直流稳压电源调至输出 8V 电压，用万用表直流电压挡进行测量，然后将电源接至双踪示波器进行测量，将其测量结果与万用表测量值进行比较，填入表 1-7-1 中。

表 1-7-1

直流稳压源输出	万用电表测量值	双踪示波器测量值		
		Y 轴灵敏度	Y 方向位移	电压值

2. 正弦交流信号幅度和频率的测量。

按照图 1-7-1 所示接好电路，使信号发生器产生频率为 500Hz、10kHz，有效值分别为 2V、4V 的正弦交流信号，测量数据填入表 1-7-2 中。

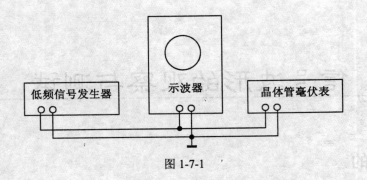

图 1-7-1

表 1-7-2

低频信号发生器	频率（Hz）	500		10000	
	有效值（V）	2	4	2	4
毫伏表	有效值（V）				
双踪示波器	振幅值（V）				
	周期（s）				
	频率（Hz）				

（1）用毫伏表和示波器分别测量各信号的有效值和振幅值。
（2）用示波器扫速定度法测量以上信号的周期（频率）。
3．矩形脉冲信号的观测。
（1）将示波器调整在 X 轴扫描工作状态下。将本机上的校准信号从 Y 轴输入端输入，观测波形并将数据填入表 1-7-3 中。

表 1-7-3

Y 轴部分			X 轴部分			
灵敏度开关（V/div）	幅度所占格数（div）	电压幅度（V）	扫描速度开关（t/div）	波形一周所占格数（div）	周期（ms）	频率（Hz）
0.1V/div			0.1ms/div			
0.2V/div			0.2ms/div			
0.5V/div			1ms/div			

XJ4241 型示波器校准信号为幅度 0.5V，重复频率 1kHz 的矩形波。
SR8F 示波器校准信号为幅度 1V，重复频率 1kHz 的矩形波。
（2）观测和调整指定的方波信号。
如图 1-7-2 所示，从 XJ1631 型信号发生器输出一个幅度为 3V、周期为 800μs、脉冲宽度为 400μs 的方波。

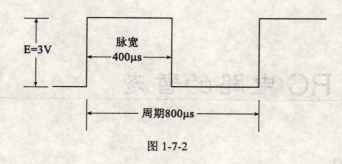

图 1-7-2

将示波器 Y 轴灵敏度预置在 1V / div，灵敏度微调置于校准位。X 轴扫描速度开关预置在 0.1ms / div，微调置于校准位。

将 XJl631 型信号发生器输出的方波接入示波器观察，波形如图 1-7-2 所示。

若从示波器荧光屏上读出的信号幅度、周期（频率）、脉宽不符合上述波形要求，可根据以下方法调整。

幅度：微调 XJl631 信号发生器的输出细调。
周期：微调 XJ1631 信号发生器的微调电位器。
脉宽：微调 XJl631 信号发生器的占空比电位器。

四、实验注意事项

1．为了提高测量的准确度，连接电路和进行测量时应尽量将信号源、毫伏表、示波器和实验电路的接地端共接在一起，以减少仪表之间的相互影响。

2．毫伏表是灵敏度很高的仪表，测量时应注意正确地接、断输入端连线，并选择合适的量程，以防打表。

五、实验报告

1．列写实验数据表，分析实验结果。
2．能否使用万用表的交流电压挡和毫伏表测量矩形脉冲信号的电压幅度？为什么？
3．使用示波器 X 轴扫描速度开关能进行哪些测量？测量时应注意什么问题？使用 Y 轴灵敏度开关能进行哪些测量？应注意什么问题？

实验八 RC电路的暂态

一、实验目的

1. 研究RC串联电路的充放电过程。
2. 用实验的方法测出时间常数。

二、实验器材

1. 万用表一块（50μA挡代替电流表）。
2. 直流稳压电源（30V挡）一台。
3. 电容器（8μF、耐压400V）两只。
4. 固定电阻（1MΩ、2MΩ、100Ω）各一只。
5. 单刀开关一只。
6. 秒表一块。

三、实验内容及步骤

RC放电电流测试线路如图1-8-1所示。

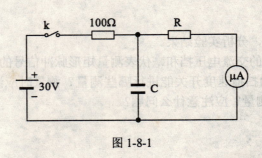

图1-8-1

1. 分三种情况连接放电电流测试线路。
   （1）R=1MΩ，C=16μF
   （2）R=2MΩ，C=16μF
   （3）R=2MΩ，C=8μF
2. 用测试放电电流减半所需时间，测出上面三种情况下RC电路的时间常数τ、填入表1-8-1中，并与计算的τ加以比较。电流减半的时间为$t_2-t_1=0.7\tau$。

$$\tau = \frac{t_2 - t_1}{0.7}$$

表 1-8-1

	t_2-t_1（s）	测 τ（s）	τ（s）
1MΩ 16μF			
2MΩ 16μF			
3MΩ 8μF			

3．测出三条 RC 放电曲线。

测放电曲线方法如下：按图 1-8-1 接好电路，合上开关 K，使电容器充电，这时微安表指示一定的电流值。然后打开开关 K 使放电电流开始下降，当电流下降到 15μA 启动秒表，在 13μA 时停止秒表并记下时间 t_1。然后重新充电，重新使放电流开始下降，再在 15μA 时启动秒表，在 11μA 时停止秒表，记下时间 t_2。重复上面步骤，将从 15μA 下降到 9μA、7μA、5μA、3μA 的 t_3、t_4、t_5、t_6 测量时间记录于表 1-8-2 中。根据表 1-8-2 中测得数据绘出放电曲线。

表 1-8-2

电流下降值（μA）		15-13	15-11	15-9	15-7	15-5	15-3
所需时间（s）	1MΩ 16μF						
	2MΩ 16μF						
	1MΩ 8μF						

4．观察充电现象。

RC 充电电流测试线路图如图 1-8-2 所示。

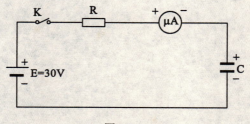

图 1-8-2

四、实验报告

1. 绘出三条放电曲线。
2. 对所测时间常数与计算进行对比。

第二部分 电子技术基础实验指导

第二部分 史予技术基础实验

武昌

实验一　示波器的使用

示波器是一种用来观察测量不同信号幅度、相位、频率的仪器,被广泛应用于工厂车间、科研院所、大专院校实验室中。现以 XJ4241 型双踪示波器为例对其使用方法加以说明。

一、概述

XJ4241 型双踪示波器是一种采用部分集成电路的半导体化便携式示波器。它具有 0~10MHz 的频带宽度和 10mV / div 的垂直输入灵敏度,经扩展最高灵敏度为 2mV / div;扫描时基为 0.21μs·100ms / div,经扩展最高扫速可达 40ns / div。它具有 Y_1、Y_2 结构相同的垂直输入通道,因此不但能够对被测信号进行定性定量测试,而且能对两个相关信号的相位进行比较。XJ4241 型示波器还具有 Y_2—X 的功能,能以垂直输入灵敏度来显示李沙育波形。由于具备以上功能,XJ4241 型示波器能用于电视机、收录机、音频放大器的生产线,也能供教学使用。

二、主要技术指标

Y 轴

频带宽度:输入耦合为 DC 时 0~10MHz,输入耦合为 AC 时 10Hz~10MHz

灵敏度:0.01~5V / div,按 1、2、5 进制为 9 挡。由于灵敏度"微调"旋钮变化范围大于 2.5 倍,因此仪器的最低灵敏度达 12.5V / div。

输入阻抗:直接耦合,输入电阻 1MΩ,输入电容≤359pF;经探头耦合,输入电阻为 10MΩ,输入电容≤15pF。

最大允许输入电压:250V(DC+ACp-p)。

X 轴

扫描时间范围:0.21μs / div~100ms / div,分 18 挡。由于扫描速率"微调"旋钮变化范围大于 2.5 倍,因此,仪器的最慢扫速为 250ms / div,扩展"X5"时,最高扫描速率可达 400ns / div。

标准信号:频率 1kHz±2%。

电压幅度:1V±2%。

三、基本工作原理

XJ4241 型双踪示波器的整机电路框图如图 2-1-1 所示,它由以下几个主要部分组成:

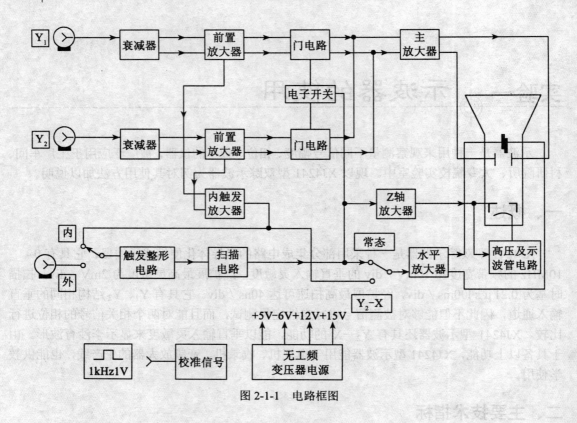

图 2-1-1 电路框图

1. 示波管显示部分。
2. Y 轴放大器部分。

有两部结构相同的 Y_A 与 Y_B 通道。借助于电子开关控制门电路的工作，可根据需要选择 Y_A 或 Y_B 通道。被选中的信号经放大后控制示波管的 Y 轴偏转板。

3. X 轴放大器部分。

将机内的时基发生器产生的扫描信号或由 X 外接输入端送入的信号放大后控制示波管的 X 轴偏转板。

4. 扫描部分。

由内触发整形放大电路和时机发生器组成。在外触发信号或取自 Y 通道的信号触发下，产生一个线性锯齿波电压，通过 X 轴放大器放大，对示波管进行 X 轴扫描。

5. Z 轴放大器部分。

由增辉驱动和消隐驱动电路组成，增辉驱动受时基发生器控制，使示波管只在扫描正程显示光迹。当示波管工作在断续方式时，消隐驱动电路受电子开关控制，使扫描线在由显示 Y_A 到显示 Y_B、或由 Y_B 到显示 Y_A 的转移过程中，示波器不显示。

四、调整控制部件的作用

XJ4241 型双踪示波器面板示意图如图 2-1-2 所示，各旋钮作用如下：

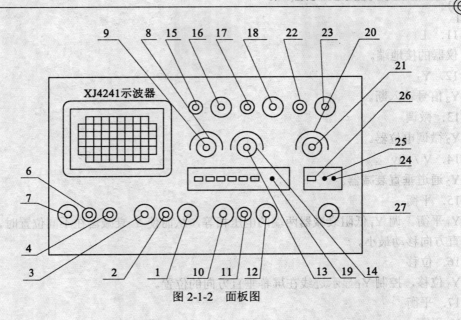

图 2-1-2 面板图

1. [拉]（$1K_3$）

电源开关：拉出表示电源接通，此时指示灯亮，经预热仪器即可工作。

辉度控制（$1W_7$）：控制显示波形的亮度，顺时针旋转为增亮，反之，亮度变暗。

$1K_3$ 和 $1W_7$ 为一带拉拔开关的电位器。

2. 指示灯

发亮表示电源接通。

3. 聚焦

控制示波管聚焦极电压，使电子束成为清晰的圆点出现在屏幕上。

[拉]（K_1、K_2）：校准开关，当拉出时效信号电源接地，此时 CZ_2 输出频率为 1kHz，幅度为 1V 的校准信号。

4. （CZ_2）

校准信号的输出。

5. 辅助聚焦

聚焦辅助控制器，控制示波管第三阳极电压，使光迹更清晰。

6. 校准

扫描校准，控制 X 轴放大器的电压幅度，使显示的时基信号符合扫描开关的指示值。

7. X 轴位移

水平位移，可使显示的波形在水平方向左右移动。

8. V/div

Y_1 垂直衰减器，可改变 Y_1 输入灵敏度。

9. Y_1 微调电位器

微调显示波形的幅度，顺时针旋转为增大。定量分析时，顺时针旋定于"校准"位置上。

10. Y_1

Y_1 信号输入端。

11. ⊥

仪器的接地端。

12. Y_2

Y_2 信号输入断。

13. 微调

Y_2 微调电位器。

14. V／div

Y_2 通道垂直衰减器。

15. 平衡

Y_1 平衡。调 Y_1 低阻衰减器两端的电压相等，从而使 Y 衰减器在不同位置时，光迹在垂直方向移动最小。

16. 位移

Y_1 位移，控制 Y_1 显示迹线在屏幕垂直方向的位置。

17. 平衡

Y_2 平衡。

18. 位移

Y_2 位移。

19. Y 方式开关

该开关为七挡自锁开关。

（1）左面 AC／DC。Y_1 输入耦合方式，视输入信号和测试目的，可选输入信号为交流耦合还是直流耦合。

（2）左面 Y_1 接地开关，可使 Y_1 放大器输入端接地，从而可确定 Y_1 的零电位输入时光迹的位置。

（3）右面 AC／DC。Y_2 输入耦合方式。

（4）右面 Y_2 接地开关。

（5）中间有 Y_1／Y_2、常态／Y_2—X、双／单踪三挡。Y 方式工作开关按三挡位置排列组合如表 2-1-1 所示的工作方式。

表 2-1-1

	单　　　踪		二踪（扫速单位 ms 断续方式 tAs 交替方式）	
	常　态	Y_2—X	常　　态	Y_2—X
Y_1	显示通道选择 Y_1	Y_1—Y Y_2—X	内触发源 Y_1	Y_1—X 两个李沙育图形同时显示 Y_2—X
Y_2	显示通道选择 Y_2	Y_2—Y Y_2—X	内触发源 Y_2	Y_2—Y Y_2—X

注：两个李沙育同时显示时，交替方式扫描应置 HF，断续方式应使扫描停描。

20．t/div

扫速开关，共分九挡，其单位由扫速开关所置的位置定。

21．微调

扫速微调电位器。

22．稳定度

用以改变扫描电路的工作状态，一般应处于待触发状态（扫描既将自激而又不自激的临界状态），使用时只需调节电平旋钮就能使波形稳定显示。

23．电平

调节和控制扫描触发点信号上的位置。当拉出时扫描处于自激状态。

24．内/外

触发信号源选择开关。当开关处于"内"时，触发信号取于Y放大器中分离出来的被测信号，而置于"外"时，则触发信号来自"外触发"插座。

25．ms/μs

扫速单位开关，当开关置于"ms"时，扫速开关t/div的单位为ms，且在二踪方式时 Y_1、Y_2 两个通道是以断续方式转换的；当开关处于"μs"时，t/div的单位为μs，此时垂直的两通道将以"交替"方式进行转换。

26．±

触发极性开关，用以选择触电路的上升沿部分还是下降沿部分来触发启动扫描电路。

27．外触发

外触发信号输入端。

28．光迹旋转

调节流过示波管颈部偏转线圈中的电流，使扫描光迹能平行于示波管屏幕的水平轴。

五、使用说明

1．使用前的注意事项。

（1）本仪器的电源进线为单相三线，其中的地线必须良好接地，以确保安全。

（2）仪器使用电源为交流220V±10%，由于采用无工频变压器开关式电源，一般情况下，仪器在交流150~250V都可正常工作，但不可高于250V。

（3）使用前应认真阅读技术说明书，了解控制部件的作用，正确掌握仪器的使用范围和操作办法。

2．使用前的检查。

本仪器刚接到或久置未用，应鉴别其工作是否正常，其方法如下：

（1）用导线连接校准信号输出和 Y_1、Y_2 输入端，仪器各控制件按表2-1-2中的规定放置。

表 2-1-2

面板控制机件	作用位置	面板控制机件	作用位置
Y 方式开关	全部退出	t / div	0.2
$Y_1 Y_2$ V / div 开关	0.2V / div	电 平	拉 出
$Y_1 Y_2$ 微调	校准位置	Y_1 移位	居 中
		Y_2	
触发极性	+	X 移位	居 中
扫速单位	ms		
触发源选择	内		

（2）拉开电源开关，应听到电源起振的"吱"的一声响，表示电源接通。
（3）经预热片刻后，顺时针转动"辉度"电位器，应显示出不同步的波形。
（4）调节触发电平，使波形同步，应出现如图 2-1-3 所示的波形。其幅度为 5div，说明 Y_1 灵敏度正常；水平方向为 5div 一个周期，说明时基系统工作正常。

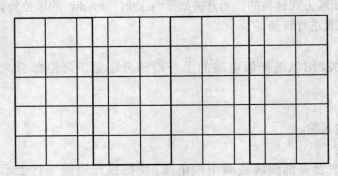

图 2-1-3

（5）接入 Y 方式开关 Y_1 / Y_2 按键，也应呈现相同的波形，说明 Y_2 灵敏正常。
3．仪器的自身校正。
对久放未用的仪器，在进行各参量的测试之前，为保证测量精度，对仪器应进行一次校正，方法如下：
（1）重复使用前检查中的步骤（1）、（2）、（3），置 t / div 与 1ms / div 挡。
（2）调整 Y 增益校准（$21W_5$ $22W_5$）使方波恰为 5div，此时垂直偏转灵敏度可认为已符合技术指标的要求，即可进行波形幅度的测量。
（3）调节 X 轴位移，使第一个周期的起始点恰好在坐标片最左始线上。此时扫描速度即可认为符合技术指标的要求。
4．时间的测量。
用本仪器来测量各种信号的时间参数，方法简便，读数比较精确。因为本仪器示波管采用了内刻度，荧光屏 X 方向扫描速度也是定量的。测量步骤如下：
（1）调整有关控制部件，使显示波形稳定，将"t / div"开关置于适当的挡级 b / div。
（2）借助刻度即可读出被测波形 P、Q 两点间的距离 D（div）。
（3）测出两点间的时间间隔为 D×b，如图 2-1-4 所示。

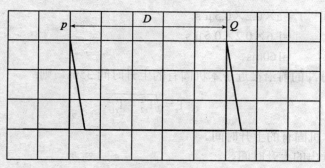

图 2-1-4

（4）若测量时基置于"×5"的位置，则测得的时间间隔为 D×b×0.2。

5．快速脉冲时间的测量。

本机未设延时线，对脉冲边沿的测量存在一定的困难，但若脉冲的重复频率高于扫描的频率时，借助于扫描扩展，还是可以测出前沿或后沿的参数。方法如下：

（1）有关控制置于表 2-1-3 中的位置。

表 2-1-3

面板控制件名称	作用位置
Y 微调	校准
Y 输入耦合	AC 或 DC
触发源	内
触发极性	+
t/div 开关	0.5μs/div
X 扩展	×5

（2）调节"触发电平"及 X 轴位移，使波形的前沿在屏幕的中央稳定显示，测得被测波形的幅度在 10%~90% 间的波形前沿的水平刻度 a（例中 a=1.6div），如图 2-1-5 所示。

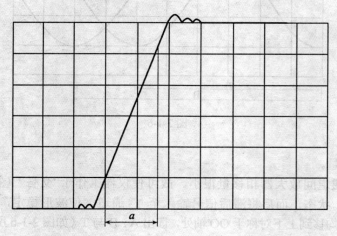

图 2-1-5

（3）上升时间　$T_r = a \times 0.2 \times 0.5 \mu s$
$= 1.6 \times 0.2 \times 0.5 \mu s$
$= 160 ms$

（4）若被测脉冲的前沿接近于本机固有的上升时间 35ns，则：

$$T_r = \sqrt{T_{r2}^2 - T_{r1}^2}$$

式中：T_{r1} 为本机固有的上升时间。
　　　T_{r2} 为读出的上升时间。

例如：上例中 $T_{r2}=160ms$，$T_{r1}=35ms$，

则：　$T_r = \sqrt{T_{r2}^2 - T_{r1}^2} = 156.1 ms$

6．相位测量。

在许多场合，需要测量某一网络的相移，如要测量一正弦波经放大器相位滞后若干角度等，可用下述测量相位的方法来解决。

（1）单踪测量。

将触发选择置于"外"，将导前信号由外触发输入，同时该信号输入 Y_1，使波形稳定后再读出 A，然后将滞后的信号输入 Y_1，读出 B（此时 X 轴位移、电平电位器都不能重新调整），再读出信号的周期 T，则：

$$\varphi（相位）= \frac{B-A}{T} \times 360°$$

如图 2-1-6 所示。

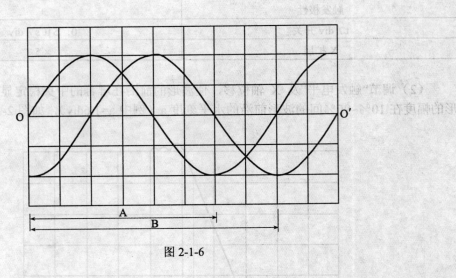

图 2-1-6

（2）双踪测量。

因本仪器两通道间放大器相移量很小，故可使仪器工作于"交替"（被测信号频率较低时，工作于断续）状态，而后将滞后信号输入至 Y_2 通道，使波形稳定，并调节 Y_1、Y_2 位移，使两通道波形均移到上下对称于 OO'轴处，读出 A、B 与 T（如图 2-1-6 所示），则 φ（相位）

$$= \frac{B-A}{T} \times 360°$$

请注意：导前信号仍由外触发输入。

（3）李沙育图形测量。

利用仪器的 Y_1—Y、Y_2—X 特性，可将欲比较的两信号分别加于 Y_1 和 Y_2，调整相位控制件，使屏幕出现如图 2-1-7 所示图形，此时两信号的相位差为 φ，$\varphi = \arcsin\frac{B}{A}$。

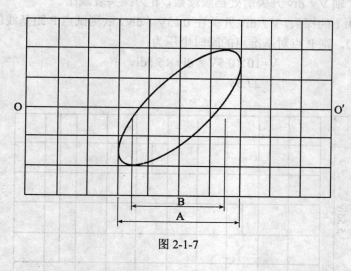

图 2-1-7

当信号频率低于 300Hz 和高于 100kHz 时，仪器 X 系统和 Y 系统具有固有相位，这时利用 Y_2—Y_1、Y_2—X 李沙育图形（或用双踪李沙育显示），用上述公式算出固有相移，然后再扣除该固有相移。

7．电压测量。

用本仪器可对被测波形进行定量电压测量，正确的测量方法根据不同的测试波形有所差异，但测量的基本原理是相同的。在一般情况下，多数被测量波形包括交流和直流分量，测量时也经常需要测量两种分量复合的数值或是单独的数值。

（1）交流分量电压测量。

一般是测量被测波形波峰到波峰或者测量波峰到某一波谷间的数值，测量时通常将 Y 通道置于 AC 的位置（当测量重复频率极低的交流分量时应置于"DC"位置，否则因频响的限制，产生不真实的结果）。

测量步骤：

① 将 Y"微调"旋至"较准"的位置，调整 V／div 到适当的位置 B（V／div）。

② 读出被测信号两点在 Y 轴偏转距离上的读数 A（div），则

被测电压 = A（div）× B（V／div）

　　　　 = A×B（V）

③ 若用了 10:1 的探头，则应乘上探极的衰减因数。

（2）瞬时电压的测量。

瞬时电压的测量需要一个相对的参考电位，基准电位指地电位，但也可以是其他参电位。
测量步骤：

① 将测试探头接入所参考电位，"电平"拉出置于"HF"，此时出现一条扫描线，调节Y位移，将光迹移到荧光屏上合适的位置（基准电位）后，Y轴位移不再调节。

② 将测试探头移至被测信号端，接入"电平"并调节触发电平，使波形稳定显示。

③ 读出被测波形上的某一瞬时相对于基准刻度在Y轴上的距离B(div)，则瞬时电压为：

$$V = A \times B \times n$$

其中，A为Y轴V/div开关所处挡级读数，n为探头衰减比。

例如，使用10:1的探头，V/div开关在0.5V/div，欲测试点P距基线的刻度为5.5div（如图2-1-8所示），则P点对基准点的瞬时电压为：

$$V = 10 \times 0.5V/div \times 5.5div$$
$$= 27.5V$$

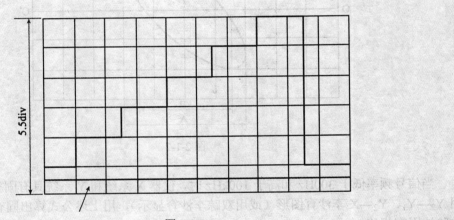

图2-1-8

六、练习

1. 根据本实验"使用说明"及表2-1-2，对XJ4241进行自测，掌握自测的方法。

2. 用XJ1631型函数信号发生器输出5V的正弦信号，用示波器观察并测量信号的峰峰值。

实验二　二极管、三极管的检测与单极放大器

一、实验目的

1. 掌握小功率晶体二极管、三极管的检测方法。
2. 观察并测量静态工作点对放大倍数和非线性失真的影响。
3. 掌握放大电路主要参数的测量方法。

二、实验器材

1. 示波器一台。
2. 低频信号发生器一部。
3. 电子毫伏表一台。
4. 万用表一块。
5. 二极管一个、三极管两个。

三、实验内容及步骤

1. 二极管的简易判别方法。

利用普通的万用表可以判断二极管的正负极，通过测试其正反向电阻值可粗略地判断其性能的好坏（二极管正向导电性能好，所以电阻小，反向不导电，故阻值很大）。我们希望两个阻值差值较大，若差别不大，则说明二极管的性能不好（如果正反向电阻值都是无穷大，或者均为零，请思考是什么原因）。

测量的方法只要把万用表拨到"欧姆"挡（R×100 或 R×1 000），用两个表笔测量二极管的阻值；然后将表笔颠倒一下，再测出一个阻值。一个大，一个小，小的是二极管正向电阻值，这时，黑笔接的是二极管的正极，红笔接的是二极管的负极；大的是二极管的反向电阻，红笔接的为二极管的正极，黑笔接的是二极管的负极（一般小功率晶体管的正向电阻约几百欧，反向电阻约几十千欧以上，大功率管的电阻相应要小得多）。图 2-2-1 为测量示意图。

2. 晶体三极管的简易测量方法。

在无手册可查以及三极管壳上无标记的情况下，可用万用表对三极管进行简易测试，判明三极管的电极及三极管的类型。

（1）先判断基极并判断管子的类型。

因为三极管是由两个 P-N 结组成，而 P-N 结的正向电阻小，反向电阻大，利用这一特点就可找出基极。具体步骤是：先将万用表置于欧姆挡 R×100 或 R×1 000 的位置，再将万用

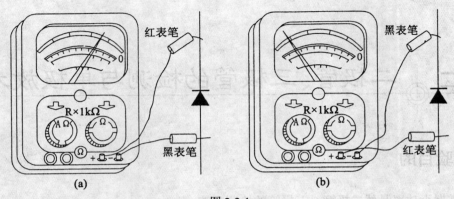

图 2-2-1

表一表笔与三极管任一电极相接,然后,用另一表笔分别触碰其余两个电极。如果阻值很小,交换表笔位置重新测试时阻值又都很大,则先与表笔相接的电极就是基极;如果阻值一个很小,另一个很大,就另换一个电极试验,直到找出基极为止。

当红笔与基极相接,黑笔与发射极或集电极相接时阻值都很小,这个三极管就是 P-N-P 型,如图 2-2-2(a)所示。

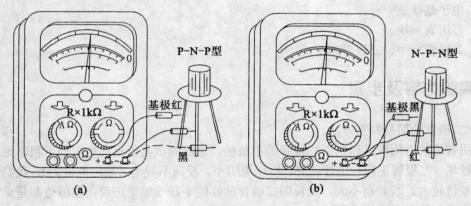

图 2-2-2

当黑笔与基极相接,红表笔与发射极、集电极相接时阻值都很小,那就说明管子为 N-P-N 型,如图 2-2-2(b)所示。

(2)判断发射极与集电极。

找出基极后,将两表笔分别与三极管剩下的两电极相接触,对于 P-N-P 型管,用左手捏住红笔和与它接触的电极,此时表针有一定的指示,再用左手食指接触已经找出的基极。如图 2-2-3(a)所示,任意观察表针摆动的大小,然后把剩下的两个电极交换位置,按上述步骤再测一次,比较两次测试的结果,在表针摆动大的情况下,黑笔接触的就是 P-N-P 型三极管的发射极。

对于 N-P-N 型管,是用左手捏住黑表笔和它接触的电极,如图 2-2-3(b)所示,测试步骤同上,在表针摆动情况较大时,黑笔接触的是集电极,红笔接触的是发射极。

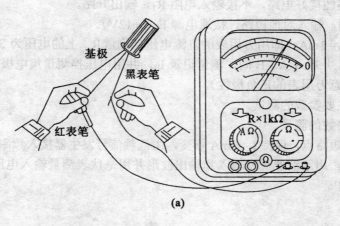

(a)

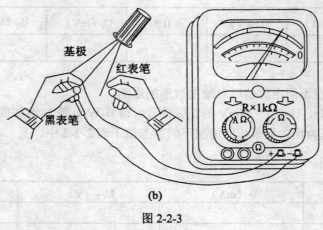

(b)

图 2-2-3

3. 单极放大器。

电路如图 2-2-4 所示。

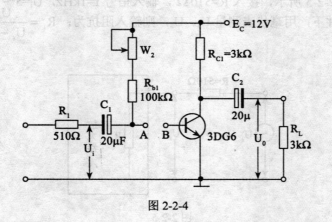

图 2-2-4

实验步骤如下：

（1）测量放大器的静态工作点。

① 按实验电路图接好电路，不接输入电阻 R_1，输出开路。
② 连接 AB 端，输入对地短路，接通电源 E_c（+12V）。

调节 W_2，使 I_C=1mA（即用万用表的直流电压挡测量 R_{C_1} 上的电压为 3V）。然后将万用表拨到"μA"挡，并串入 A、B 间，测量记录 I_B，并用电压挡测量集电极电压 U_C，计算电流放大倍数 β（注意万用表的正负极性）。

（2）放大器主要参数的测试。
① 电压放大倍数的测量。

断开输入电路短路点，保持 I_C=1mA 不变，由低频信号发生器接入频率 f=1kHz、U_i=5～10mV 的正弦信号，用示波器观察输入和输出波形并用毫伏表测量输入电压 U_i 和输出电压 U_0，填入表 2-2-1 中。

表 2-2-1

I_C（mA）	I_B（μA）	U_0（V）	β	U_i（mV）	U_0（V）	A_v

② 观察工作点在不同电流值时对输出波形的影响。

输入频率 f=1kHz，U_i=10～35mV 的正弦信号，调节 W_2，使 I_C 增加或减少，观察输出电压波形直至出现失真为止，记录相应情况下的静态值于表 2-2-2 中。

表 2-2-2

参数状态	I_C（mA）	U_{CE}（V）	U_0波形
饱和失真			
截止失真			

③ 放大器的输入电阻 R_i 测量。

测试电路如图 2-2-5 所示，接入 R=510Ω，输入信号 f=1kHz，U_i=5～10mV 的正弦信号在输出不失真的条件下，用毫伏表测量 U_i、U_s，则输入阻抗为：$R_i = \dfrac{U_i}{U_s - U_i} \cdot R$

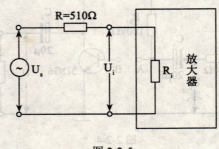

图 2-2-5

④ 放大器的输出电阻 R_0 的测量。

测量电路如图 2-2-6 所示，在信号不失真的条件下，根据图 2-2-6，测出输出电压 U_0、$U_0{}'$ 则有 $r_0 = \dfrac{U_0 - U_0{}'}{U_0{}'} \cdot R_L$

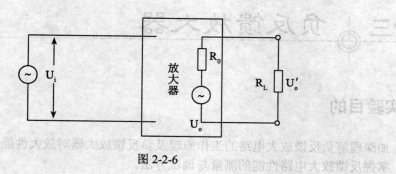

图 2-2-6

U_0 为未接负载电阻 R_L 时的输出电压，$U_0{}'$ 为接入负载电阻 R_L 时的输出电压。

四、实验报告

1．用实测的 β、I_C 数值及电路给出的有关参数估预电压放大倍数 A_V，输出电阻 R_0，输入电阻 R_i，并与测量值相比较，分析产生误差的原因。

2．分析静态工作点位置对输出波形的影响。

五、预习要求和思考题

1．复习发射极放大器输入、输出阻抗、电压放大倍数的理论计算方法。

2．静态工作点合适，在实验中出现了波形失真，是什么原因所致？

3．在如图 2-2-4 所示的单极放大器中，若用万用表对地测量 U_B、U_E，出现了反偏电压，放大器是否一定处于截止状态，为什么？

4．分析图 2-2-7 中输出电压波形是什么类型的失真？

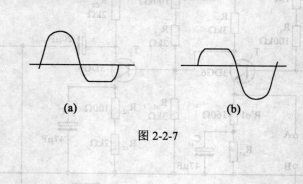

图 2-2-7

实验三 负反馈放大器

一、实验目的

1. 加深理解负反馈放大电路的工作原理及负反馈放大器对放大性能的影响。
2. 掌握反馈放大电路性能的测量与调试方法。

二、实验器材

1. 直流稳压电源一台。
2. 示波器一台。
3. 毫伏表一台。
4. 万用表一块。
5. 函数信号发生器一台。

三、实验内容及步骤

实验电路如图 2-3-1 所示。该电路为两极电压串联负反馈放大电路，其中 R_f、W_1、R_e 为反馈元件，调节 W_1 可以改变反馈系数 F。

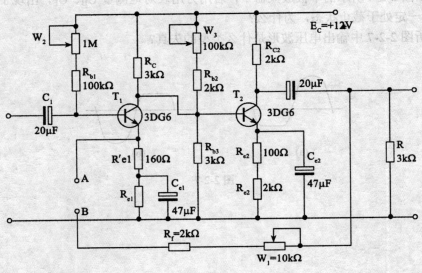

图 2-3-1

1. 对照电路图在实验板上接好电路，经检查无误后，方可接通电源。
2. 测量静态工作点。

调整 W_2、W_3，使两管的静态工作电流 I_{CQ1}、I_{CQ2} 分别为 1.5mA 和 2mA，测量时将输入端短路，B 端接地。用万用表测量各极的电压值，记录于表 2-3-1 中。

表 2-3-1

测量项目	U_{B1}	U_{E1}	U_{C1}	U_{B2}	U_{E2}	U_{C2}
测量值						

3. 测量基本放大器的性能。

仍保持 B 端接地，即无负反馈，此时放大器为基本放大器。

（1）测量基本放大器的放大倍数 A_V。

调节低频信号产生器，使 U_i=5～10mV，频率 f=1kHz，用毫伏表测量输入电压 U_i 和输出电压 U_0，并计算放大倍数 A_V（$A_V = \dfrac{U_0}{U_i}$）。

注意：输出信号 U_0 不能失真，用示波器观察。

（2）测量基本放大电路的输入电阻 R_i。

测量电路如图 2-3-2 所示，其中 R_1=3kΩ，为外接电阻。使 U_i=5～10mV，f=1kHz，测 U_s, U_i，则输入电阻 $R_i = \dfrac{U_i}{U_s - U_i} \cdot R_1$

（3）测量基本放大电路的输出电阻 R_0。

电路如图 2-3-3 所示，信号源幅度频率同上，接入负载电阻 R_L=3kΩ，测量有载输出电压 U_0' 和不接负载 R_L 时的电压 V_0，则输出电阻 $R_0 = \dfrac{U_0 - U_0'}{U_0'} \cdot R_L$。

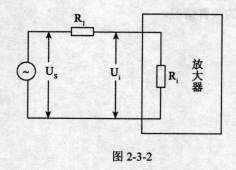

图 2-3-2

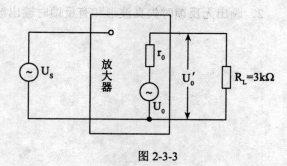

图 2-3-3

（4）测量基本放大器的通频带 B。

使 U_i=5～10mV，f=1kHz，用示波器观察输出波形，在不失真的情况下记下输出电压的大小。保持 U_i 不变，频率 f 升高，直到输出电压幅度减少到原值的 70%，记下此时的频率 f_H，同理降低频率 f，直到输出电压幅度减小到原值的 70%，记下此时的频率 f_L，则通频带 B=f_H-f_L，如图 2-3-4 所示。

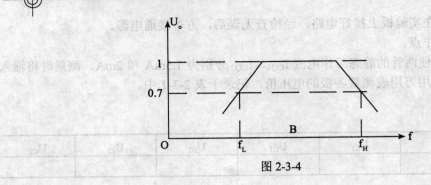

图 2-3-4

4．测量负反馈放大器的性能。

将 B 端与 A 端接通，即放大电路加入负反馈。

（1）测量电压放大倍数。

输入信号 U_i=5～10mV，f=1kHz，测准输入电压 U_i 和输出电压 U_{of}，则电压放大倍数 $A_{vf}=\dfrac{U_{of}}{U_i}$。

（2）测量反馈放大器的输入电阻 R_{if} 和输出电阻 R_{of}。测量方法同前。

（3）测量反馈放大器的通频带 B_f。测量方法同前。

（4）观察负反馈放大电路对非线性失真的改善。

先不接入负反馈，加大输入信号，用示波器观察，使波形产生明显失真，然后接入负反馈，观察波形是否有所改善。

四、实验报告

1．将实测的数据 A_v（A_{vf}）、R_i（R_{if}）、R_o（R_{of}）列表进行比较。总结负反馈对放大器性能的影响。

2．画出无反馈时失真波形和有反馈时输出波形的改善情况。

实验四　运算放大器

一、实验目的

1. 熟悉线性集成运算放大电路芯片。
2. 掌握同相、反相、加法器等电路输入输出电压的关系。

二、实验器材

1. 双路直流稳压电源一台。
2. 函数信号发生器一台。
3. 电子管毫伏表一台。
4. 示波器一台。
5. 万用表一块。

三、LM324 四运算放大器

LM324 内部是由四个独立的高增益运算放大器组成。通过特殊设计，它可在宽电压范围的单电源下工作，也能在双电源下工作。电压范围：单电源 DC3～30V 双电源 DC±1.5～±15V，外部引线排列及逻辑图如图 2-4-1 所示。

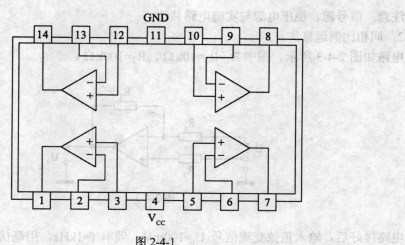

图 2-4-1

四、实验内容及步骤

1. 反相比例运算。

电路如图 2-4-2 所示。

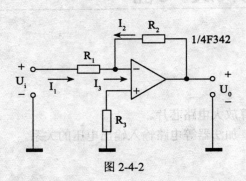

图 2-4-2

实现反相运算,设 $R_2=100k\Omega$,要求输入、输出的运算关系为 $U_0=10U_i$

(1) 计算出 $R_1 R_2$ 的值后,正确连接电路(LM324 采用±12V 双电源供电,由稳压电源供出)。

(2) 输入正弦信号 $U_i=100mV$,频率$=1kHz$,用毫伏表测出 U_0 的值,并用示波器观察 U_i、U_0 的波形记录于表 2-4-1 中。

表 2-4-1

	电压值		波形时间关系	
	反相	同相	反相	同相
输入电压				
输出电压				

注意:信号源、稳压电源与实验电路共地。

2. 同相比例运算。

电路如图 2-4-3 所示。图中 $R_1=R_3=10k\Omega$,$R_2=100k\Omega$。

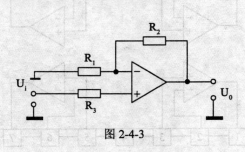

图 2-4-3

电路接好后,输入正弦交流信号 $U_i=100mV$,频率 $f=1kHz$,用毫伏表实测出 U_0 的值,用示波器观察 U_i、U_0 的波形记录于表 2-4-1 中。

3. 加法运算。

电路如图 2-4-4 所示。理论计算值为

$$U_0 = -\left(\frac{R_5}{R_3}U_A + \frac{R_5}{R_4}U_B\right)$$

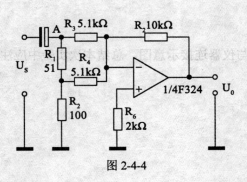

图 2-4-4

将实测值填入表 2-4-2 中。

4. 积分电路。

电路如图 2-4-5 所示。

输入信号 U_i 为幅度 3V,频率 f=100Hz 的方波信号,用示波器观察 U_i、U_0 的波形及幅值,比较 U_i、U_0 的相位关系。

表 2-4-2　　　　　　　　　　(U_s 为 f=1kHz 正弦信号)

U_A	0.3V	0.6V	0.9V
U_B			
U_0			
U_0 计算值			

5. 微分电路。

电路如图 2-4-6 所示,U_i 为幅度 2V,频率 f=500kHz 的方波信号,用示波器观察记录 U_i、U_0 的波形、幅值以及相位关系。

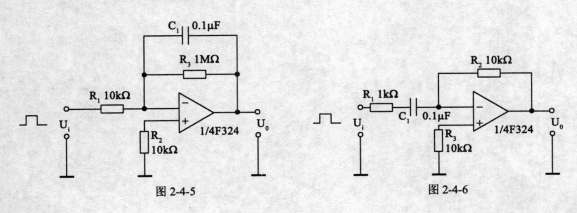

图 2-4-5　　　　　　　　　　图 2-4-6

五、预习

集成运算放大器的基本原理。

六、实验报告

画出反相运算放大器与仪器连接示意图，总结本次实验中应注意的问题。

图 2-4-4

表 2-4-2 （U_s为$f=1kHz$正弦信号）

U_s	0.3V	0.6V	0.9V
U_R			
U_o			
U_o/U_s 计算值			

5. 微分电路。

电路如图 2-4-6 所示，U_i 为幅度 2V、频率 $f=500Hz$ 的方波信号，用示波器观察 U_i 和 U_o 的波形，测画出及相位关系。

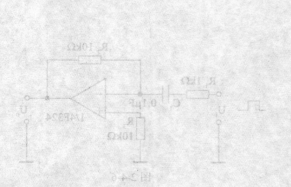

图 2-4-6

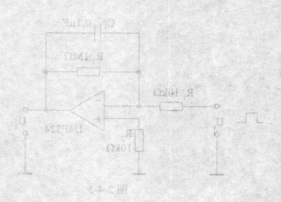

图 2-4-5

实验五 互补对称功率放大器

一、实验目的

1. 复习互补功率放大器的工作原理和性能。
2. 掌握互补功率放大器的调整方法。
3. 了解多级放大器消除自激振荡的常用办法。

二、实验器材

1. 直流稳压电源一台。
2. 万用表一块。
3. 示波器一台。
4. 毫伏表一台。
5. 低频信号产生器一台。
6. 实验电路板一块。

三、实验内容及步骤

由分立元件组成的功率放大器电路如图 2-5-1 所示。

1. 看懂实验电路原理图,注意各元件的位置与连线以及电位器 W_1、W_2 与测试点 A、B、C、D、E 的位置。
2. 调整放大器的静态工作点。

(1) 输入端对地短路,输出端接上负载 R_L,连接 C_5 与 B 点,图 2-5-1 中电路连接无误后再加上 +12V 电源。

(2) 调 W_1,使 A 点电压值为 $\dfrac{E_c}{2}$ =+6V;调 W_2,使 U_{BE3}=0.6~0.7V,U_{EB4}=0.6~0.7V,并校准 A 点电位(W_1、W_2 调整相互影响,往往反复多次调整方能使 A 点平衡)。

(3) 测量和记录 A、B、C、D、E 各点电位,并估算 T_2、T_3、T_4 的工作电流 I_{C2}、I_{C3}、I_{C4}。

3. 观察互补对称功率放大电路和自举电路的电压波形。

(1) 放大电路输入端接 5~10mV,频率 f=1kHz 正弦信号(注意信号幅度不能过大,防止烧毁功放管),输出端接示波器。仔细调整输入信号,使输出尽可能大,但不出现明显失真,并调整 W_1、W_2,使输出电压刚好不出现交越失真和两头削平现象。

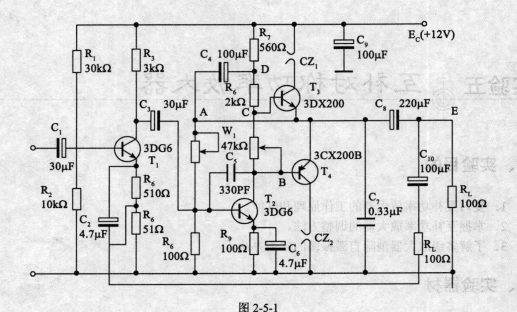

图 2-5-1

（2）用毫伏表测量此时输入、输出电压，用万用表测量直流电源输出的直流电流，记录各数值，用于估算 OTL 电路的最大输出功率与效率。

（3）断开自举电容，用示波器观察输出电压的波形变化，了解自举电路的作用。

（4）调节 W_2，用示波器观察输出电压正负半周的接合情况。

4．观察互补网络的作用。

在上述实验的基础上断开由 C_5 组成的补偿网络，用示波器观察输出波形或用扬声器监听是否有啸叫声。

四、实验报告

1．根据所观察的波形，分析由分立元件构成的互补功率放大器中 W_1、W_2 的作用。
2．说明自举电路的作用。
3．根据实验数据估算出互补功率放大器的功率与效率。

实验六 直流稳压电源

一、实验目的

1. 掌握串联型稳压电源的工作原理。
2. 熟悉稳压电源技术指标的测量方法。
3. 熟悉集成稳压电路的运用。

二、实验器材

1. 万用表一块。
2. 示波器一台。
3. 自耦变压器、小型变压器各一个。

三、实验内容及步骤

1. 由分立元件组成的稳压电源。

电路如图 2-6-1 所示，请按图中的数据搭试电路，再加交流电压（自耦变压器在输出最小位置上，R_L 暂不接）。

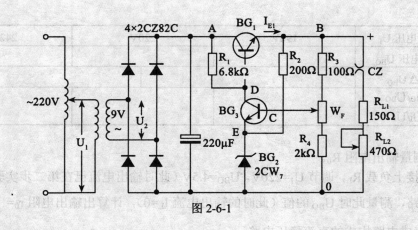

图 2-6-1

（1）测量输出电压的调节范围。

调节自耦变压器，使电源变压器的输入电压 $U_1=220V$，然后调节电位器 W_P，观察输出电压 U_{BO} 的变化情况，测量并记录 U_{BOmax}、U_{BOmin} 时所对应的 U_{AB}、U_{AD} 的值，填入表 2-6-1 中。

表 2-6-1

电压电位器 W_P	U_{AO}	U_{BO}	U_{AB}
向左旋			
向右旋			

（2）测量各点电压值，波形及纹波电压。

① 输出端接上负载 R_{L1}，R_{L2} 左旋到底，调 W_P 使 $U_{BO}=4.5V$，用万用表测量并记录于表 2-6-2 中。

表 2-6-2

I_L	U_{AO}	U_{BO}	U_{CO}	U_{DO}	U_{EO}

② 在上面工作的情况下，观察记录 U_2 和 U_{AO}、U_{BO} 纹波电压波形，并将纹波电压的峰值和频率填入表 2-6-3 中。

表 2-6-3

测量参数 被 测 量	电压峰值	波 形	频 率
U_{AO} 纹波电压			
U_{BO} 纹波电压			

（3）测量稳压系数 S_r。

输出接上 R_L，调节自耦变压器，使 U_I 变化 ±10%（即 U_I 为 198V 和 242V），测量和记录相应的 U_{BO}，并计算 S_r，填入表 2-6-4 中。

表 2-6-4

交流输入电压 U_I	198V	220V	242V
输出直流电压 U_{BO}			
变化量 ΔU_{BO}			
$S_r = \dfrac{\Delta U_{BO}/U_{BO}}{\Delta U_I/U_I}$			

（4）测量输出电阻 R_0。

输出端接上负载 R_L，调节 $U_I=220V$，$U_{BO}=4.5V$（此时输出电流已在第二步实验中测量），然后输出开路，测量此时 U_{BO} 的值（此时的输出电流 $I_L=0$），计算出输出电阻 $r_0 = S_r = \dfrac{\Delta U_{BO}}{\Delta I_L}$

2. 由集成电路构成的直流稳压电路。

（1）集成稳压器的分类。

① 三端固定正输出稳压器。此类稳压器为 78××，×× 代表输出的稳压值，有 +5V、+6V、+9V、+10V、+12V、+15V、+18V、+24V 等。

② 三端固定负输出稳压器。此类稳压器为79××系列，其电压输出值同78××系列。
③ 三端可调正输出稳压器。此系列的典型产品有LM117、LM317（I_0=1.5A，U_0=1.2～37V）、LM350，LM250（I_0=3A，U_0=1.2～32V）等。
④ 三端可调负输出稳压器。此系列的典型产品有LM137、LM337（I_0=1.5A，U_0=-1.2～-37V）、LM137HV、LM337HV（I_0=1.5A，U_0=-1.2～-47V）。

（2）典型电路。

图2-6-2为集成稳压器的典型应用电路，最大输出电压、电流以及极性由稳压器的型号决定。

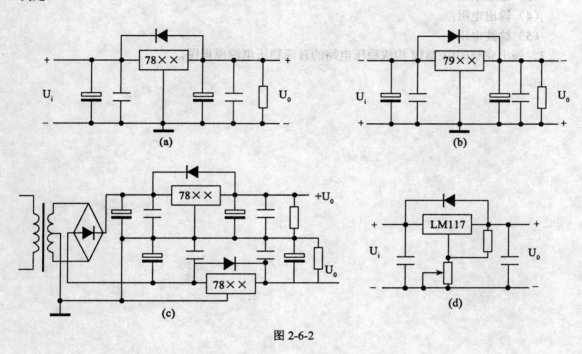

图2-6-2

（3）试用CM78M12集成稳压器搭试一个输出电压为12V的稳压电源，并用万用表实测其输入输出电压值。

CM78M12的管脚分布如图2-6-3所示，主要技术参数为：输出电压U_0=12V，输出电流为I_0=0.5A，最大允许输入电压为35V。

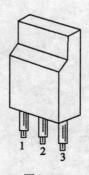

图2-6-3

四、实验报告

1. 整理实验所测量的数据和波形。
2. 列出本实验稳压电源的重要技术指标：
   （1）输出电压调节范围；
   （2）输出电流；
   （3）稳压系数；
   （4）输出电阻；
   （5）纹波电压。
3. 画出完整的由 7812 构成稳压电路的直流稳压电源原理图。

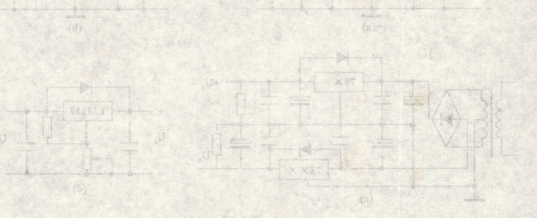

第三部分 数字电路实验指导一

第三暗分 機密史記實錄
武号一

实验一　集成逻辑门及其应用

一、实验目的

1. 了解 TTL、CMOS 门电路主要参数，掌握 TTL、CMOS 门电路的使用规则。
2. 熟悉各种门电路的逻辑功能，掌握其参数测试方法。
3. 熟悉逻辑门的基本应用。

二、实验器材

1. 示波器一台。
2. 函数信号产生器一台。
3. 万用表一块。
4. 数字实验箱一个。
5. 集成电路：74LS00、74LS02、74LS12、74LS125、74LS51、74LS86 等各一块。

三、实验内容及步骤

1. TTL 门电路的主要参数及使用规则。

（1）TTL 与非门电路的主要参数。

① 静态功能 P_D：指空载时电源电流 I_{CC} 与电源电压 U_{CC} 的乘积，即

$$P_D = I_{CC} \cdot U_{CC}。$$

一般 $I_{CC} \leq 10\text{mA}$，$P_D \leq 50\text{mW}$。

② 输出高电平 U_{OH}：指有一个以上输入端接地时的输出电平。一般 $U_{OH} \geq 3.5\text{V}$，称为逻辑"1"。

③ 输出低电平 U_{OL}：指全部输入端为高电平时的输出电平值。一般 $U_{OL} \leq 0.4\text{V}$，称为逻辑"0"。

④ 扇出系数 N_O：指与非门输出为低电平时，能驱动同类门的最大数目。测试时，N_O 可由下式计算：

$$N_O = I_{OL} / I_{LS}$$

式中，I_{LS} 为输入短路电流，即指一个输入端接地，其余输入端悬空、输出空载时，从接地输入端流出的电流。一般 $I_{LS} \leq 1.6\text{mA}$；I_{OL} 指输出端为低电平时能够灌入的最大的电流。一般 $N_O \geq 8$。

⑤ 平均传输延迟时间 t_{pd}：t_{pd} 是表征器件开关速度的参数。当与非门的输入为一方波时，

其输出波形的上升沿和下降沿均有一定的延迟时间,设上升沿的延迟时间为 t_{PLH},下降沿延迟时间为 t_{PHL},则平均传输延迟时间 $t_{pd}=\frac{1}{2}$($t_{PLH}+t_{PHL}$),t_{pd} 一般为几纳秒至十几纳秒。

⑥ 直流噪声容限 U_{NH} 和 U_{NL}:直流噪声容限是指输入端所允许的输入电压变化的极限范围。输入端为高电平状态时的噪声容限 U_{NN} 可表示为:$U_{NH}=U_{OHmin}-U_{IHmin}$。

输入端为低电平状态的噪声容限 U_{NL} 可表示为:$U_{NL}=U_{ILmax}-U_{OImax}$。

通常 $U_{OHmin}=2.4V$,$U_{IHmin}=2.0V$,$U_{ILmax}=0.8V$,$U_{OLmax}=0.4V$,所以 U_{OH} 和 U_{NL} 一般约为 0.4V。

(2)TTL 电路的使用规则。

① 电源电压+U_{CC}:它只允许在±5%~±10%范围内,超过该范围可能会损坏器件。

② 电源滤波:TTL 器件的高速切换会产生电流跳变,其幅度为 4~5mA。该电流在公共走线上的降压会引起噪声干扰。因此,要尽量缩短底线以减小干扰。同时,可在电源端并接一个 100μF 的电容作为低频滤波,并 1 个 0.01~0.1μF 的电容作为高频率波。

③ 输出端的连接:不允许输出端直接接电源或地。对于 100pF 以上的容性负载,应串接几百欧的限流电阻,否则会导致器件损坏。除集电极开路(OC)门和三态(TS)门外,其他门电路的输出端不允许并联使用,否则会引起逻辑混乱,损坏器件。

④ 输入端的连接:输入端可以传入 1 个 1~10kΩ 电阻与电源连接或直接接电源+U_{CC} 来获得高电平输入。或门、或非门等 TTL 电路的多余输入端不能悬空,只能接地,与门、与非门等 TTL 电路的多余输入端悬空相当于接高电平,但因悬空时对地呈现高阻抗而易受到外界干扰,所以可将它们直接接电源+U_{CC} 或与其他输入端并联使用,以增加电路的可靠性。但并联时从信号获取电流将增加。

2. CMOS 门电路的主要参数及使用规则。

(1)CMOS 门电路的主要参数。

① 电源电压+U_{DD}:CMOS 的电源电压范围较宽,在+3~+15V 范围内均可正常工作,允许有±10%波动。

② 静态功耗 P_D:P_D 与工作电压的高低有关,但与 TTL 器件相比,其功能 P_D 微不足道,约为微瓦量级。

③ 输出高电平 U_{OH}:$U_{OH} \geq -0.5V$,为逻辑"1"。

④ 输出低电平 U_{OL}:$U_{OL} \leq U_{SS}+0.5V$,为逻辑"0"。

⑤ 扇出系数 N_O:CMOS 电路具有极高的输入阻抗,要求的驱动电流 I_{LS} 极小,一般 $I_{LS} \leq 0.1μA$。电路的输入电流 I_{OL} 也比 TTL 电路的输出电流小得多,在+5V 电源电压下,一般 $I_{OL} \leq 500μA$。但是如果以这个电流来驱动同类电路,其扇出系数将非常大。因此,在工作频率较低时,可以考虑 N_O 是否受限。但在高频工作时,由于后级门的输入电容成为主要负载,将使 N_O 受限。一般 $N_O=10$~20。

⑥ 平均传输延迟时间 t_{pd}。

CMOS 的 t_{pd} 比 TTL 器件的长得多,通常 $t_{pd} \approx 200ns$。

⑦ 直流噪声容限 U_{NH} 和 U_{NL}。

CMOS 的噪声容限通常以电源电压 U_{DD} 的 30%计算,当+U_{DD}=+5V 时,$U_{NH} \approx N_{NL}=1.5V$,可见 CMOS 的噪声容限比 TTL 器件的要大得多,抗干扰能力要强。提高+U_{DD} 是提高 CMOS 器件抗干扰能力的有效措施。

（2）CMOS 器件的使用规则。

① 电源电压：电源电压不能接反，规定+U_{DD}接电源正极，U_{SS}接电源负极（通常接地）。

② 输出端的连接：输出端不允许直接接电源或地，除三态门外，不允许两个器件的输出端并联使用。

③ 输入端的连接：输入端的信号电压 U_i 应为 $U_{SS} \leq U_i \leq U_{DD}$。所有多余的输入端不能悬空，应按照要求直接接+$U_{DD}$或$U_{SS}$。工作速度不高时允许输入端并联使用。

④ 其他：a.测试 CMOS 电路时，应先加电源后加输入信号；关机时应先切断输入信号，后断电源。所有测试仪器的外壳必须良好接地。b.CMOS 电路具有很高的输入阻抗，易受外界干扰，冲击和出现静态击穿，故应存放在导电容器中；焊接时电烙铁外壳必须接地良好，必要时可以拔下烙铁电源，利用余热焊接。

3．基本门电路的逻辑功能测试。

数字试验箱的使用：方法见附录。

逻辑功能测试：实验中，要判断门电路的好坏，可以对其逻辑功能进行测试。其方法如图 3-l-1 所示。

用实验箱上的逻辑电平开关产生"0"或"1"逻辑电平，加到被测电路输入端。利用实验箱上的逻辑电平显示器或逻辑笔，或者直接用万用表直流电压挡测量被测电路的输出。

（1）与非门的逻辑功能测试。

按图 3-1-2 接线做实验，分别用逻辑电平开关产生"0"或"1"加到各输入端，用逻辑电平显示电路测试其输出，将结果记录于表 3-1-1 中，并判断功能正常与否。

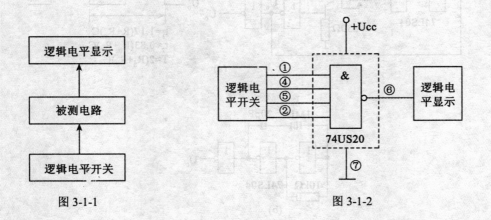

图 3-1-1　　　　　　　　　　　　　　图 3-1-2

表 3-1-1

输　入				输　出
①	②	③	④	⑥
0	0	0	0	
0	0	0	1	
0	0	1	1	
0	1	1	1	
1	1	1	1	

练习：仿照上面方法，分别对与门、非门、或门、或非门、异或门等进行测试。

4．基本逻辑门电路的应用。

按照逻辑功能可以将逻辑门分为反相器、与非门、OC 与非门、或非门、缓冲/驱动器、组合逻辑门及具有三态输出的逻辑门等。

（1）用门电路构成的多谐振荡器，如图 3-1-3 所示。其中，图 3-1-3（a）中三极管 T 接成射极跟随器，可使输出级与前级隔离，电位器 W 变化几十千欧也不会影响电路的工作状态。因此，该电路具有输出频率范围宽、输出波形好、负载能力强的优点。电路输出频率可由下式计算：

$$f = \frac{1}{T} = \frac{1}{2(R_0 + W)C}$$

式中，R_0 为门电路内部等效电阻，一般为几百欧姆。输出频率可从几赫兹至几兆赫兹变化。改变 C 实现频率粗调，调 W 实现频率细调。要求在频率稳定度高的情况下，可采用图 3-1-3（b）所示电路，其输出频率由晶振 J_T 的频率决定。

练习：对于图 3-1-3（a），若要求 U_0 的频率为 1kHz，请设计合适的电容 C 和电位器 W 的值，并用实验证明。

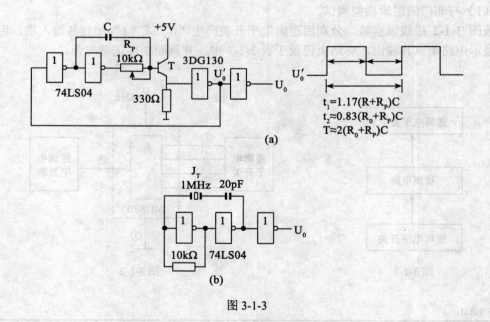

图 3-1-3

（2）用门电路构成的触发器。

用门电路可以构成单稳态触发器、RS 触发器等，其电路如图 3-1-4 所示。

图 3-1-4（a）为门电路构成的单稳态触发器。若 $R_1C_1=R_2C_2$，则输出脉冲延时时间 $t_p = \frac{1}{2}t_w = 0.7R_1C_1 = 0.7R_2C_2$。

图 3-1-4（b）为基本 RS 触发器。它具有复位（清"0"）和置位（置"1"）功能，开关 K 置于 1 时 Q=l，K 置于 2 时 Q=1，而且开关 K 的切换不会引起 Q 端的抖动。因此，该电路常

用作去抖动开关电路。

练习：对于图3-1-4（b），当开关K每切换一次时，用计时器分别测量S点和Q点的脉冲个数，得出结论。

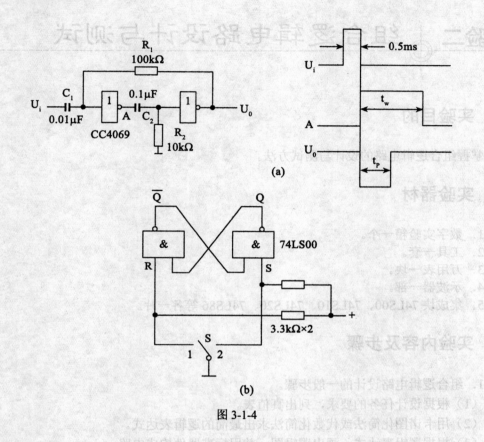

图 3-1-4

四、实验报告

1．总结出TTL、CMOS电路使用注意事项。
2．整理分析实验结果。

实验二 组合逻辑电路设计与测试

一、实验目的

掌握组合逻辑电路的设计与测试方法。

二、实验器材

1. 数字实验箱一个。
2. 工具一套。
3. 万用表一块。
4. 示波器一部。
5. 集成块 74LS00、74LS10、74LS20、74LS86 等各一片。

三、实验内容及步骤

1. 组合逻辑电路设计的一般步骤。
（1）根据设计任务的要求，列出真值表。
（2）用卡诺图化简法或代数化简法求出最简的逻辑表达式。
（3）根据逻辑表达式，画出逻辑图，并用标准器件构成电路。
（4）用实验验证设计的正确性。
2. 组合逻辑电路设计举例。
用与非门设计一个三人表决电路，要求两个以上的人同意即表示有效，输出 F=1。
设 A、B、C 三人同意时输入为 1，否则为 0。两个以上同意时输出 F=1，否则 F=0，则真值表如表 3-2-1 所示。

表 3-2-1

ABC	F
000	0
001	0
010	0
011	1
100	0
101	1
110	1
111	1

根据真值表，画出卡诺图，如图 3-2-1 所示。

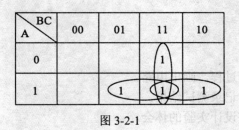

图 3-2-1

根据卡诺图，写出逻辑表达式，并转换成"与非"式。
$$F=AB+BC+AC$$
$$=\overline{\overline{AB}\cdot\overline{BC}\cdot\overline{AC}}$$

最后画出用与非门构成的逻辑电路如图 3-2-2 所示。

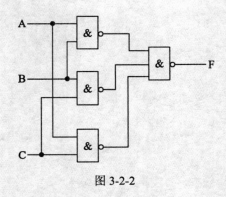

图 3-2-2

练习：用 74LS00 和 74LS10 进行电路连接，并检查调试电路，使之达到设计要求。其中 A、B、C 接逻辑电平产生电路，F 接逻辑电平显示电路。

3．实验内容。

（1）设计一个一位二进制半加器。其中 A、B 为输入，输出为 Y，进位标志为 Z。其真值表如表 3-2-2 所示。要分别列出 Y、Z 的逻辑表达式，画出电路图并进行电路连接，检查验证。用与非门或是非门实现。

表 3-2-2

A	B	Y	Z
0	0	0	0
0	1	1	0
1	0	1	0
1	1	0	1

（2）用与非门设计一个四人表决电路，当有三个或四个人同意为通过，否则为未通过。

要求列出真值表，画出卡诺图，写出表达式，画出电路图，并连接电路，直到测试电路逻辑功能符合设计要求为止。

四、实验报告

1. 列出实验内容设计过程，画出电路。
2. 对电路进行测试，记录测试结果。
3. 谈谈组合逻辑电路设计实验的体会。

实验三　触发器及其应用

一、实验目的

1. 掌握 D、JK 触发器逻辑功能的测试方法。
2. 熟悉 D、JK 触发器的基本应用。

二、实验器材

1. 数字实验箱一个。
2. 万用表一块。
3. 示波器一部。
4. 发光二极管、三极管、电阻若干。
5. 集成块：74LS74、74LS112 各两片。

三、实验内容及步骤

1. 触发器逻辑功能测试。

触发器按功能分类，常分为 RS 触发器、D 触发器、JK 触发器、T 触发器等。触发器具有两个稳定状态"0"和"1"，在一定条件下可以从一个稳定状态翻转到另一个稳定状态，它是一个具有记忆功能的二进制信息存储器件，是构成各种时序电路的最基本逻辑单元。

（1）在单端信号输入情况下，D 触发器用起来比较方便，其特征方程为：

$$Q_{n+1}=D_n$$

触发器的输出状态只取决于时钟到来前 D 端的状态，74LS74 是上升沿触发的双 D 触发器，其上脚排列及逻辑符号如图 3-3-1 所示。

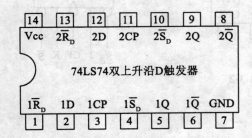
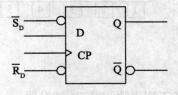

图 3-3-1　74LS74 引脚排列及逻辑符号

图 3-3-1 中，$\overline{S_D}$ 为异步置"1"端或称异步置位端，低电平有效。$\overline{R_D}$ 为异步置"0"端或称异步复位端。CP 为时钟脉冲输入端。

按下列步骤测试：

① 测试置位、复位功能。

在 ⑭ ⑦ 之间加上+5V 电源后，将其中一个触发器的 $\overline{R_D}$、$\overline{S_D}$、D 端接逻辑电平开关的输出，CP 接单次脉冲源或防抖动逻辑电平开关的输出，Q、$\overline{Q}$ 端接逻辑电平显示电路。改变 $\overline{R_D}$、$\overline{S_D}$（D、CP 处于任意状态），观察 Q、$\overline{Q}$ 状态，填入表 3-3-1 中。并在 $\overline{R_D}=0$（$\overline{S_D}=1$）或者 $\overline{S_D}=0$（$\overline{R_D}=1$）作用期间，任意改变 D 和 CP 的状态，观察 Q 及 $\overline{Q}$ 是否改变状态。

② 测试 D 触发器逻辑功能。

按表 3-3-2 的要求改变 D 和 CP 端状态，观察 Q 和 $\overline{Q}$ 状态的变化，特别注意 Q 和 $\overline{Q}$ 端状态的变化是发生在对应 CP 脉冲的什么时刻。在逻辑功能测试时，要使 $\overline{R_D}=\overline{S_D}=1$。

表 3-3-1

输入		输出	
$\overline{R_D}$	$\overline{S_D}$	Q	$\overline{Q}$
1	1→0		
	0→1		
1→0	1		
0→1			
0	0		

表 3-3-2

输入		$Q_{(n+1)}$	
D	CP	$Q_n=0$	$Q_n=1$
0	0→1		
	1→0		
1	0→1		
	1→0		

（2）JK 触发器逻辑功能的测试。

在输入信号为双端的情况下，JK 触发器是功能完善、使用灵活、通用性较强的一种触发器。本实验所用的 74LS112 为双 JK 触发器，下降沿触发。引脚功能及逻辑符号如图 3-3-2 所示，JK 触发器的特征方程为：

$$Q_{n+1} = J\overline{Q_n} + \overline{K}Q_n$$

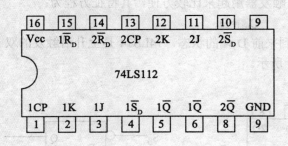
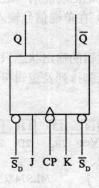

图 3-3-2

按下列步骤测试 JK 触发器：

① 测试置位、复位功能。

测试方法同 D 触发器置位，复位功能测试方法相同，自拟表格记录。

② 测试 JK 触发器的逻辑功能。

按表 3-3-3 的要求改变 J、K、CP 端状态，观察 Q 和 $\overline{Q}$ 状态变化。注意 Q 和 $\overline{Q}$ 与 CP 的时间关系。在逻辑功能测试时，使 $\overline{R}_D = \overline{S}_D = 1$。

表 3-3-3

输入			$Q_{(n+1)}$	
J	K	CP	$Q_n=0$	$Q_n=1$
0	0	0→1		
		1→0		
0	1	0→1		
		1→0		
1	0	0→1		
		1→0		
1	1	0→1		
		1→0		

③ 将 JK 触发器的 J 和 K 端连在一起，构成 T 触发器，自拟表格测其逻辑功能。若在 T 触发器的 CP 端输入 1 kHz 方波，用双踪示波器观察 CP、Q 或 $\overline{Q}$ 端波形，注意其相位与时间关系，描绘之。

2. 触发器的基本应用。

（1）触发器使用知识。

触发器的选用通常应根据数字系统的时序配合关系正确选用，除特殊功能外，一般在同一系统中选择具有相同触发方式的同类型触发器较好；在工作速度要求较高的情况下，采用边沿触发方式的触发器较好。但速度越高，越易受外界干扰。是上升沿触发还是下降沿触发，原则上没有优劣之分。但如果是 TTL 电路的触发器，因输出为"0"时的驱动能力远远强于输出为"1"时的驱动能力，尤其是当集电极开路输出时上升沿更差，为此选用下降沿触发更好一些。触发器在使用前必须全面测试才能保证可靠性，使用时必须注意置"1"和置"0"脉冲的最小宽度及恢复时间。触发器翻转时的动态功耗远大于静态功耗，为此设计时应尽可能避免同一封装内的触发器同时翻转（尤其是高速电路）。CMOS 与 TTL 触发器在逻辑功能、触发方式上基本相同，使用时不宜将这两种器件混合使用。因为 CMOS 触发器内部电路结构及对触发脉冲的要求与 TTL 存在较大差别。

（2）利用触发器构成单脉冲产生电路。

① 利用触发器的置位端（$\overline{S}_D$）、复位端（$\overline{R}_D$）和一个按钮开关 AN 可以组成一个单脉冲产生电路（如图 3-3-3 所示），而触发器可以是 D 触发器，也可以选 JK 触发器。

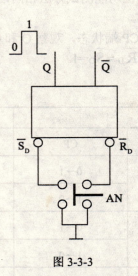

图 3-3-3

图 3-3-3 中，R_D 接 AN 开关的常闭点，此时 Q=0；按下 AN，触发器 $\overline{S}_D=0$，$\overline{R}_D=1$，输出 Q=1，开关复位后，触发器输出回到初始状态"0"。即每按一次按钮，即可产生一个正向单脉冲。

练习：① 若要一个能产生负向单脉冲的电路，请你最少拿出两套方案，并进行电路连接、验证。

② 由 JK 触发器构成的单脉冲产生的电路。

在上面单脉冲产生电路中，输出脉冲的宽度是由按键开关按下的时间决定的。如果对产生的单脉冲宽度提出严格要求，则上面电路无法满足要求。

图 3-3-4 是利用 74LS112 双 JK 触发器设计的单脉冲产生电路，按键开关 AN 每按一次，就输出一个单脉冲，且脉冲宽度等于一个 CP 周期，而与 AN 按下的时间无关。

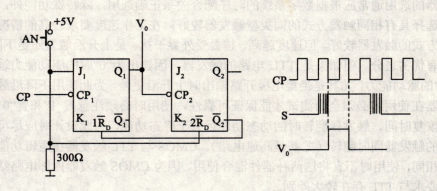

图 3-3-4

练习：① 分析图 3-3-4 的工作原理，并连接其电路进行验证。

② 能否用 D 触发器构成类似电路？若能试设计出具体电路，并进行验证。

（3）由 D 触发器组成的环形计数器。

由两片 74LS74 D 触发器组成的环形计数器如图 3-3-5 所示,它是由四组触发器接成的移位寄存器,并把 Q_3 反馈给 D_0。实验中可以用它来驱动多组灯光来显示水或信息的流动。

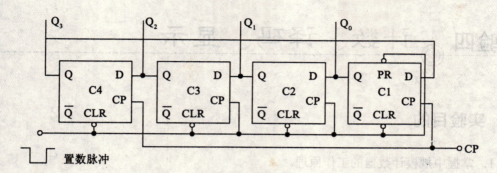

图 3-3-5

练习:① 将 $Q_0 \sim Q_3$,接逻辑电平显示,CP 接 1Hz 左右的脉冲源,置数脉冲端接逻辑电平开关。测试该环形计数器的功能并填入表 3-3-4 中。

② 一段河,其水流动方向是由西向东。现要用十六只发光二极管显示水的流动,请设计出控制电路和驱动电路,并进行验证。

表 3-3-4

输 入		输 出			
置数	CP	Q_3	Q_2	Q_1	Q_0
0	×				
1	1				
	2				
	3				
	4				

四、实验报告

1. 整理各测试结果。
2. 根据各实验练习要求,画出具体电路,写出验证结果和体会。

实验四　计数、译码、显示

一、实验目的

1. 掌握中规模计数器的工作原理。
2. 学会 M（任意）进制计数器的设计方法。
3. 熟悉译码、显示电路的工作原理及应用。

二、实验器材

1. 数字实验箱一个。
2. 万用表一块。
3. 示波器一部。
4. 集成块：74LS90、74LS192、74LS248、74LS10 各两片。

三、实验内容及步骤

计数器是一种中规模集成电路，如果按各触发器有无统一的时钟分类，计数器可以分为同步计数器和异步计数器两种；如果按计数器数字的增减分类，可分为加法计数器、减法计数器和可逆计数器；如果按计数器进位规律分类，可分为二进计数器制、十进制计数器和可编程 N 进制计数器等多种。常用计数器均有典型产品，不需自己设计，只要会选用即可。

本实验选用的 74LS90 为十进制加法计数器，外加反馈电路可以构成十以内任意进制计数器。74LS192 为十进制可逆计数器，外加反馈电路可以构成十进制以内的任意进制计数器。译码器的功能是将给定的输入码组进行翻译，变换成对应的输出信号或另一种形式的代码。显示器则是用来显示数码的器件。

1. 计数器。

   （1）74LS90 及构成 M（任意）进制计数器的设计方法。

   图 3-4-1 为 74LS90 的内部逻辑图及引脚排列图。它由 4 级触发器与几个控制门组成。其中第一级触发器是一个独立的 1 位二进制计数器，计数脉冲从 A 输入，每输入一个脉冲，Q_0 状态翻转一次。第二至第四级触发器组成一个独立的五进制计数器，计数脉冲从 B 端输入，

Q_B、Q_C、Q_D 为计数输出端。

若将 Q_A 与 B 相连，计数脉冲由 A 端输入，则 $Q_DQ_CQ_BQ_A$ 的输出波形按 8421BCD 码完成十进制计数，逻辑电路如图 3-4-2 所示，计数规律如表 3-4-1 所示。

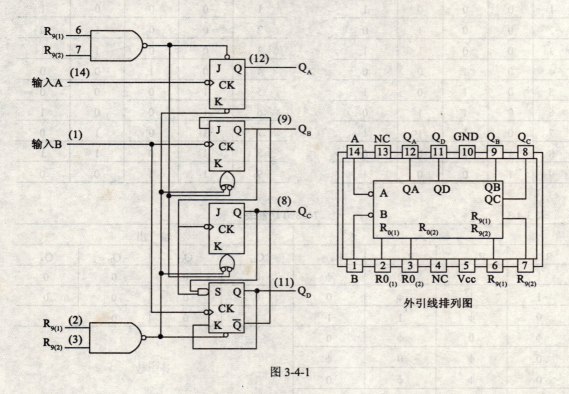

图 3-4-1

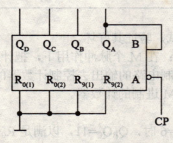

图 3-4-2 8421BCD 十进制计数

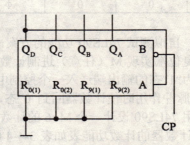

图 3-4-3 5421 BCD 十进制计数

若将 Q_D 与 A 相连，计数脉冲由 B 输入，则 $Q_AQ_DQ_CQ_B$ 的输出按 5421BCD 码完成十进制计数，逻辑电路如图 3-4-3 所示，计数规律如表 3-4-2 所示。

74LS90 有两个复位端 $R_{0(1)}$、$R_{0(2)}$ 和两个置 9 端 $R_{9(1)}$、$R_{9(2)}$，其功能表如表 3-4-3 所示。利用复位端并通过反馈控制电路可以构成十以内 M（任意）进制的计数器。

表 3-4-1 8421BCD 十进制计数

CP	Q_D	Q_C	Q_B	Q_A
0	0	0	0	0
1	0	0	0	1
2	0	0	1	0
3	0	0	1	1
4	0	1	0	0
5	0	1	0	1
6	0	1	1	0
7	0	1	1	1
8	1	0	0	0
9	1	0	0	1

表 3-4-2 5421BCD 十进制计数

CP	Q_D	Q_C	Q_B	Q_A
0	0	0	0	0
1	0	0	0	1
2	0	0	1	0
3	0	0	1	1
4	0	1	0	0
5	1	0	0	0
6	1	0	0	1
7	1	0	1	0
8	1	0	1	1
9	1	1	0	0

表 3-4-3 74LS90 功能表

输 入				输 出			
$R_{0(1)}$	$R_{0(2)}$	$R_{9(1)}$	$R_{9(2)}$	Q_D	Q_C	Q_B	Q_A
1	1	0	Φ	0	0	0	0
1	1	Φ	0	0	0	0	0
0	Φ	1	1	1	0	0	1
Φ	0	Φ	0				
0	Φ	0	Φ		计 数		
0	Φ	Φ	0				
Φ	0	0	Φ				

练习:自拟测试 74LS90 功能的方案,并进行测试,验证其好坏。

利用复位端实现 M(任意)进制计数器的方法是:在 M 个脉冲作用下,把计数到 M 时所有输出为"1"态的输出端送入一个控制电路,利用控制电路的输出去控制计数器的清"0"端,当第 M 个脉冲作用时使计数器回到"0"态,从而获得 M 进制的计数器。

例:用 74LS90 设计一个 M=6 的计数器。

M=6 计数器的计数功能表如表 3-4-4 所示。当 M=6 时,$Q_B Q_C$=11,以满足 $R_{0(1)}$、$R_{0(2)}$=11,计数器复位。逻辑电路如图 3-4-4 所示。

表 3-4-4

CP	Q_D	Q_C	Q_B	Q_A
0	0	0	0	0
1	0	0	0	1
2	0	0	1	0
3	0	0	1	1
4	0	1	0	0
5	0	1	0	1

练习：① 用 74LS90 设计一个 M=7 的计数器，并连接电路进行验证。
② 74LS192 及构成 M（任意）进制计数器方法。

74LS192 是同步十进制可逆计数器，具有双时钟输入，并具有清零和置数功能，其引脚排列如图 3-4-5 所示。

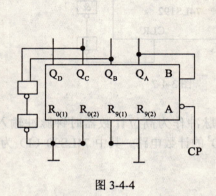

图 3-4-4

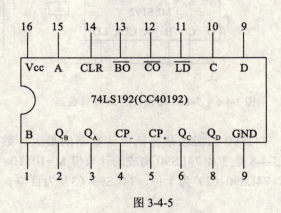

图 3-4-5

图 3-4-5 中，LD 为置数端，低电平有效；CP_- 为减计数输入端；CP_+ 为加计数输入端；$\overline{BO}$ 为非同步借位输出端；$\overline{CO}$ 为非同步进位输出端；A、B、C、D 为置数数据输入；Q_D、Q_C、Q_B、Q_A 为数据输出端。

74LS192 功能表如表 3-4-5 所示。

表 3-4-5 74LS192 功能表

输 入								输 出			
CLR	LD	CP_+	CP_-	D	C	B	A	Q_D	Q_C	Q_B	Q_A
1	×	×	×	×	×	×	×	0	0	0	0
0	0	×	×	d	c	b	a	d	c	b	a
0	1	↑	1	×	×	×	×	加计数			
0	1	1	↑	×	×	×	×	减计数			

利用计数器的置数端 LD 和清零端 CLR 通过反馈控制电路可以构成十以内任意进制计数器。利用计数器置数端 LD 实现 M 进制计数器的方法如下：

在 M 个脉冲作用下，把计数器所有输出为"1"态的输出端送到一个控制电路，利用控制电路的输出去控制计数器的置数端 LD，数据输入 A=B=C=D=0，从而使计数器复位，此后因控制端输出变为"1"，LD=1，计数器又重新开始计数。图 3-4-6 为 M=9 的计数器。

利用计数器清零端实现 M 进制计数器的方法如下：

在 M 个脉冲作用下，把计数器所有输出为"1"态的输出端送入一个控制电路，利用控制电路的输出去控制计数器的清零端，使计数器清"0"。图 3-4-7 为 M=9 的计数器。

2．计数器的级联使用。

一个十进制计数只能表示 0～9 十个数，为了扩大计数器范围，常用多个十进制计数器级联使用。

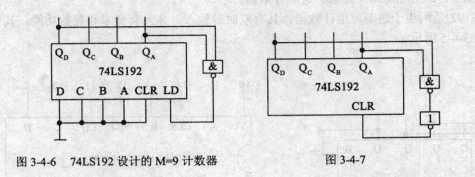

图 3-4-6　74LS192 设计的 M=9 计数器　　　　图 3-4-7

74LS390 的级联是将低位计数器的最大计数输出脉冲作为高位计数器时钟脉冲输入。图 3-4-8 是 3 片 74LS90 构成的计数模 M=10×10×10=10^3 的计数电路。其中 74LS90（1）为个位，74LS90（2）为十位，74LS90（3）为百位。

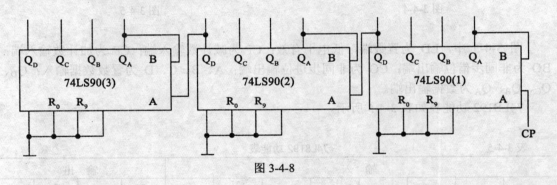

图 3-4-8

74LS192 的级联是利用进位（或借位）输出端输出信号驱动下一级计数器。图 3-4-9 是用两片 74LS192 构成的两位十制加法计数器。每当个位计数器由 9 复 0 时，其 CO 发出一个负脉冲十位计数器加计数的时钟信号，使十位计数器加 1。

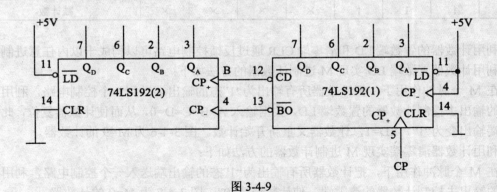

图 3-4-9

练习：用两片 74LS192 设计成两位十进制减法计数器，并进行验证。

3．译码器、显示器。

（1）数码显示器。

数字系统中常用数码显示器来显示系统的运行状态及工作数据。数码显示器俗称数码管，一般做成"8"字形，分成七段，需要显示数码时，让不同的段亮，从而显示不同的数码。常用的数码显示器有以下 4 种：

① 发光二极管显示器（LED）。

通过发光二极管显示数码，具有工作电压低（正向电压小于 2V）、体积小、可靠性高、亮度高、可直接用 TTL 或 CMOS 器件驱动等优点，是目前较常用的一种。

② 液晶显示器（LCD）。

液晶是一种有机化合物，通过外加电场和入射光的照射，可以改变晶体的排列形状、透明度和颜色，利用它的这一特性可显示字符。它的最大优点是功耗极小，因此在便携式仪器仪表中得到广泛应用，但目前亮度较差。

③ 荧光数码管显示器。

荧光数码管是一种真空电子管，在阳极电压作用下，电子轰击阳极表面荧光灯发光，将各段阳极做成"8"字形，即可显示不同数码。它同所有电子管一样，工作要加灯丝电压、栅极电压和阳极电压，所以它的功耗较大。

④ 辉光数码管显示器。

辉光数码管是一种充气管，它是利用惰性气体产生辉光放电来显示数码，它的优点是字形清晰、视距较远、工作稳定，但其工作电压较高（阳压高达 170V），并且要加大开关三极管驱动，一般用在某些特定场合（如大型户外广告）。

下面介绍目前常用的发光二极管显示器。图 3-4-10 是发光二极管显示器的外形及等效电路。它的内部是由 8 段发光二极管组合成，分为共阴极和共阳极两种。以共阴型为例，只要在对应段的阳极上加上高电平，它就亮，否则它就不亮。需要显示数字时，让不同的段加上高电平，就可以显示不同的数码。它有十个管脚，其中 3、8 脚是公共端，剩余的管脚与内部八段发光二极管一一对应，对于共阴型数码管，3、8 脚接地；对共阳数码管，3、8 脚接电源。驱动共阴极显示器的译码器的输出为高电平有效，如 74LS248、74LS49；而驱动共阳极显示器的译码器的输出为低电平有效，如 74LS46、74LS47 等。

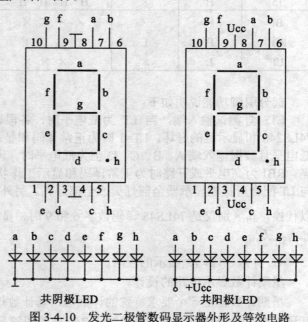

图 3-4-10 发光二极管数码显示器外形及等效电路

（2）BCD-7 段字形译码器

译码器是一种组合逻辑电路，其功能是将一种逻辑代码转换成另一种逻辑代码。译码器的输出可以用来驱动显示器，实现数字、字符的显示，我们称这类译码器为显示译码器。74LS248 为 BCD-7 段译码/驱动器，用来驱动共阴 LED。74LS248 的功能表如表 3-4-6 所示。

表 3-4-6　　　　　　　　　74LS248 功能表

十进制或功能	输入						BI/RBO	输出						
	LT	RBI	D	C	B	A		a	b	c	d	e	f	g
0	H	H	L	L	L	L	H	H	H	H	H	H	H	L
1	H	×	L	L	L	H	H	L	H	H	L	L	L	L
2	H	×	L	L	H	L	H	H	H	L	H	H	L	H
3	H	×	L	L	H	H	H	H	H	H	H	L	L	H
4	H	×	L	H	L	L	H	L	H	H	L	L	H	H
5	H	×	L	H	L	H	H	H	L	H	H	L	H	H
6	H	×	L	H	H	L	H	L	L	H	H	H	H	H
7	H	×	L	H	H	H	H	H	H	H	L	L	L	L
8	H	×	H	L	L	L	H	H	H	H	H	H	H	H
9	H	×	H	L	L	H	H	H	H	H	L	L	H	H
10	H	×	H	L	H	L	H	L	L	L	H	H	L	H
11	H	×	H	L	H	H	H	L	L	H	H	L	L	H
12	H	×	H	H	L	L	H	L	H	L	L	L	H	H
13	H	×	H	H	L	H	H	H	L	L	H	L	H	H
14	H	×	H	H	H	L	H	L	L	L	H	H	H	H
15	H	×	H	H	H	H	H	L	L	L	L	L	L	L
BI	×	×	×	×	×	×	L	L	L	L	L	L	L	L
RBI	H	L	L	L	L	L	L	L	L	L	L	L	L	L
LT	L	×	×	×	×	×	H	H	H	H	H	H	H	H

部分引脚功能说明如下：

LT：灯测试输入端，当 LT 为低电平时，各段输出均为高平。因此，LT=0 可用来检查 74LS248 和显示器的好坏。LT=1 时为正常译码和显示工作；RBI：动态灭灯输入。当 RBI 为低电平且数据输入端 A、B、C、D 全为低电平时，译码器输出全为低电平，显示器各段均不亮。RBI 为高电平或开路时为正常译码和显示工作状态；RI/RBD：灭灯输入/动态灭灯输出，与 LT 配合可控制显示器全部灯灭或全部灯亮。另外，74LS48 与 74LS248 功能基本相同，可以代换，其区别仅是 74LS48 译码数字 6 和 9 时，显示为"㔾"和"㕤"，而 74LS248 译码显示为"㘴"和"㕁"。

4. 计数、译码、显示的应用。

星期计数显示电路的设计。

星期计数器是一个要求特殊的计数器，其计数规律应为 1→2→3→4→5→6→7→1→…，其译码电路也应特殊要求，表现数字 7 应使数码管显示"㘴"，因此，计数器可选用 74LS192，译码器选 74LS248。在计数满 7 时置数，且所置数为 1，从而跳过 0 这个数。控制电路在检测到计数器输出为 0111 即 7 时，使 74LS248 的 LD 为"0"，从而使译码器输出全为高电平，显示器显示"㘴"。其逻辑电路如图 3-4-11 所示。

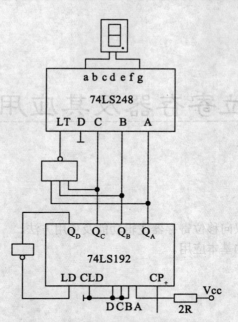

图 3-4-11　星期计数显示逻辑电路

练习：① 按图 3-4-11 连接电路，并进行验证。思考能否用 74LS90 计数器和 74LS248 译码器组成功能相同的电路。

② 设计一个具有加、减法功能的计分电路，要求此电路有置数端（置为 100），每次加或减 10 分，最高可加到 990 分，此电路可用于竞赛活动。

四、实验报告

根据各实验练习要求，画出具体电路，进行实际电路连接、验证，并总结实验中的经验教训。

实验五　移位寄存器及其应用

一、实验目的

1. 掌握中规模 4 位双向移位寄存器逻辑功能及使用方法。
2. 熟悉移位寄存器的基本应用。

二、实验器材

1. 数字实验箱一个。
2. 万用表一块。
3. 示波器一台。
4. 集成块 74LS194 和 74LS10 各一块。

三、实验内容及步骤

移位寄存器是计算机、通信设备和其他数字系统中广泛使用的基本逻辑部件之一。它能将寄存器中所存的代码在移位脉冲的作用下依次左移或右移。既能左移又能右移的称为双向移位寄存器，只要改变左、右移的控制信号便可实现双向移位要求。74LS194 是一种中规模集成电路四位双向移位寄存器（见图 3-5-1）。

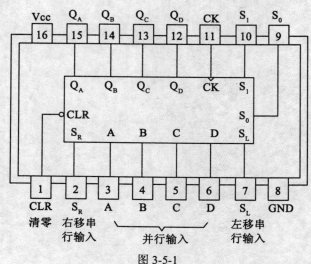

图 3-5-1

1. 74LS194 的逻辑功能。

74LS194 的引脚排列如图 3-5-1 所示。其中，D、C、B、A 为并行输入端，Q_D、Q_C、Q_B、Q_A 为并行输出端，S_R 为右移串行输入端，S_L 为左移串行输入端，S_1、S_0 为操作模式控制端；CLR 为清"0"端，CP 为时钟脉冲输入端。74LS194 有 5 种不同操作模式，即并行送数寄存、右移（方向由 $Q_D \to Q_A$）、左移（方向由 $Q_A \to Q_D$）、保持和清"0"。功能表如表 3-5-1 所示。

表 3-5-1

输入										输出			
清零 CLR	模式		时钟 CP	串行		并行				Q_A	Q_B	Q_C	Q_D
	S_1	S_0		S_L	S_R	A	B	C	D				
0	×	×	×	×	×	×	×	×	×				
1	1	1	↑	×	×	a	b	c	d				
1	0	1	↑	×	1	×	×	×	×				
1	0	1	↑	×	1	×	×	×	×				
1	0	1	↑	×	0	×	×	×	×				
1	0	1	↑	×	0	×	×	×	×				
1	1	0	↑	1	×	×	×	×	×				
1	1	0	↑	1	×	×	×	×	×				
1	1	0	↑	1	×	×	×	×	×				
1	0	0	↑	×	×	×	×	×	×				

练习：按图 3-5-2 接线，CLR、S_L、S_R、S_0、S_1、A、B、C、D 分别接至逻辑电平产生电路；Q_A、Q_B、Q_C、Q_D 按逻辑电平显示；CP 端接单次脉冲源。按表 3-5-1 所规定的输入状态，逐项进行测试。

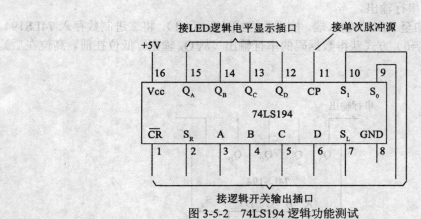

图 3-5-2 74LS194 逻辑功能测试

（1）清 0：令 CLR=0，其他输入均为任意态，这时 Q_D、Q_C、Q_B、Q_A 应均为 0。清 0 后，使 CLR=1。

（2）送数：令 CLR=S_1=S_0=1，送入任意 4 位二进制数，如 DCBA=dcba，加 CP 脉冲，观察 CP=0、CP 由 0→1、CP 由 1→0 三种情况下寄存器输出状态的变化，确定状态变化是否发生在 CP 脉冲的上升沿。

（3）右移：清 0 后，令 CLR=1，S_1=0，S_0=1，由右移输入端 S_R 送入二进制码 0100，由

CP 端连续加 4 个脉冲，观察输出情况，记录之。

（4）左移：清 0，再令 CLR=1，S_1=1，S_0=0，由左移输入端 S_L 送入二进制码，如 1011，连续加四个 CP 脉冲，观察输入情况，记录之。

（5）保持：寄存器预置任意 4 位二进制数 dcba，令 CLR=1，S_1=S_0=0，加 CP 脉冲，观察寄存器输出状态，记录之。

2. 移位寄存器的应用。

利用移位寄存器对数据移位的功能，我们可以实现二进制码串并行转换和二进制码的传输。

（1）串行输入，并行输出。

数据以串行方式加至 S_L 端（低位在前，高位在后），移位选择左移方式（S_1=1，S_0=0）。这样，四次移位脉冲作用后，就将四位二进制码送入 74LS194，在 $Q_AQ_BQ_CQ_D$ 输出端获得并行二进制码输出。如图 3-5-3 所示。

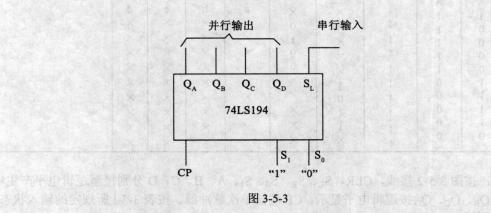

图 3-5-3

（2）并行输入，串行输出。

数据以并行方式加至 ABCD 输入端，按送数方式（S_1=S_0=1），将二进制数存入 74LS194。然后按左移（S_1=1，S_0=0）方式获得数据码的串行输出（从 Q_A 输出，低位在前，高位在后）。如图 3-5-4 所示。

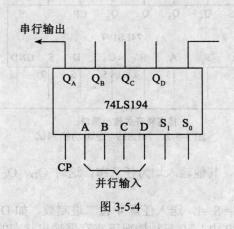

图 3-5-4

（3）用两块 74LS194 移位寄存器构成二进制码传输。

二进制码的串行传输，在计算机通信中是十分有用的，图 3-5-5 是用两块 74LS194 分别作为发送及接收的二进制码串行传输电路。

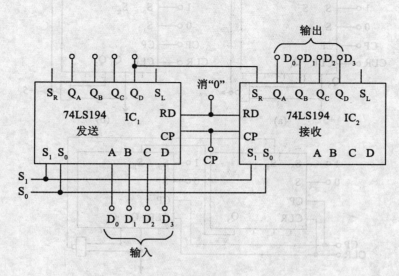

图 3-5-5

图中 IC_1 作为发送，IC_2 作接收。为了实现传输功能，必须采用如下两步：先使数据 $D_0 \sim D_3$ 并行输入 IC_1，然后使存入 IC_1 的数据传送至 IC_2，可采用右移，由四个 CP 脉冲，实现数据串行传输，这时在 IC_2 的输出端 $Q_A \sim Q_D$ 获得传输后的并行数据 $D_0 \sim D_3$。

（4）用 74LS194 移位寄存器构成扭环行计数器。

用 74LS194 移位寄存器构成扭环计数器，电路如图 3-5-6 所示（图中只注明了有关输入和输出）。工作之前，先清"0"。n 位触发器可以有 2n 种状态，即 2n 次分频。如果想构成奇数分频电路，可如图 3-5-7 所示连接。

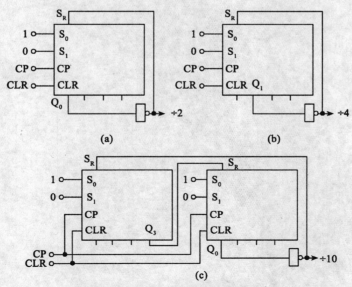

图 3-5-6　移位寄存器构成的偶数分频器

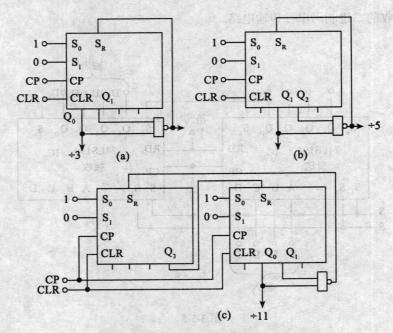

图 3-5-7 移位寄存器构成的奇数分频器

练习：仿照图 3-5-6 和图 3-5-7，设计出 ÷6、÷8、÷7、÷9 等电路。

四、实验报告

根据实验要求，画出完整的实验电路，得出实验结果。

实验六 555定时器及其应用

一、实验目的

1. 熟悉555定时器的电路结构、工作原理及其特点。
2. 掌握555定时器的基本应用。

二、实验器材

1. 数字实验箱一个。
2. 万用表一块。
3. 示波器一台。

三、实验原理及步骤

555定时器是一种数字、模拟混合型中规模集成电路,只要在外部配上几个适当阻容元件就可构成施密触发器、单稳态触发器和多谐振荡器等脉冲产生与变换电路。因此,它在工业自动化控制、定时、仿声、电子乐器、防盗报警等方面都有广泛的应用。由于内部电压标准使用了三个5kΩ电阻分压,故取名555电路。其电路类型有双极型和CMOS型两大类,二者的结构与工作原理类似。几乎所有双极型产品号最后的三位数码都是555或556,所有CMOS产品型号最后四位数码都是7555或7556,二者的逻辑功能和引脚排列完全相同,易于互换。555和7555是单定时器,556和7556是双定时器。双极型的电源电压U_{CC}为+5~+15V,输出最大电流可达200mA,CMOS型电源电压为+3~+18V,但其最大输出电流较小。

1. 555电路工作原理。

555电路的内部电路方框图如图3-6-1所示。

它由两个电压比较器,一个基本RS触发器,倒相放大器和放电开关管等组成。比较器的参考电压由三只5kΩ电阻分压提供,它们分别使高电平比较器C_1的同相输入端和低电平比较器C_2的反相输入端的参考电平为$\frac{2}{3}U_{CC}$和$\frac{1}{3}U_{CC}$。C_1和C_2的输出端控制RS触发器状态。

若触发端$\overline{TR}$输入电压$\leq \frac{1}{2}U_{CC}$时,则C_2比较器输出为1,使基本RS触发器置1,555定时器输出为1,且放电管T_1截止。若阈值端TH输入$>\frac{2}{3}U_{CC}$,则C_1比较器输出为1,基本RS触发器置0,555定时器输出为0,且放电管T_1导通。复位端$\overline{R_D}$低电平有效,当$\overline{R_D}$为低电平时,RS触发器置0,555输出为0,当第5脚控制电压端接电压U_M时,将改变两个比较器的参考电压。若此端不用，应用 0.01μF 左右的电容接地。555 定时器功能表如表 3-6-1 所示。

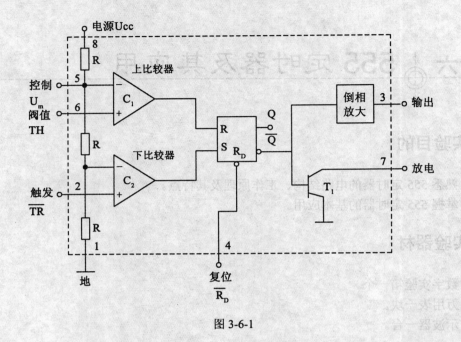

图 3-6-1

表 3-6-1　　　　　　　　　　555 定时器功能表

输入			输出	
阈值输入（TH）	触发输入（$\overline{TR}$）	复位（$\overline{R_D}$）	输出（Q）	放电管 T_1 状态
×	×	0	0	导通
×	$< \frac{1}{3} U_{CC}$	1	1	截止
$> \frac{2}{3} U_{CC}$	$> \frac{1}{3} U_{CC}$	1	0	导通
$< \frac{2}{3} U_{CC}$	$> \frac{1}{3} U_{CC}$	1	不变	不变

2. 由 555 定时器构成的施密特触发器。

由 555 组成的施密特触发器如图 3-6-2（a）所示，其工作过程如下：

U_i 由 0 逐渐上升，当 $U_i \leq \frac{1}{3} U_{CC}$ 时，U_0 为高电平。

U_i 继续上升至 $\frac{1}{3} U_{CC} < U_i < \frac{2}{3} U_{CC}$ 时，U_0 输出保持高电平不变。

当 $U_i = \frac{2}{3} U_{CC}$ 时，U_0 变为低电平。

$U_i > \frac{2}{3} U_{CC}$ 时，U_0 输出保持低电平。

U_i 由 U_{CC} 下降直到 $\frac{1}{3} U_{CC}$ 时，U_0 一直保持低电平。

当 U_i 下降至等于 $\frac{1}{3}U_{CC}$ 时，U_0 又变为高电平。

$U_i < \frac{1}{3}U_{CC}$，U_0 保持高电平不变。

由 555 构成的施密特触发器工作波形如图 3-6-2（b）所示。由此可以看出：当 U_i 上升或下降时，触发器状态发生翻转的阈值电平是不同的，对 U_i 上升使触发器状态发生翻转的阈值电压称正向阈值电压，用 U_{T+} 表示；把 U_i 下降时使触发器状态翻转的阈值电平称负向阈值电压，用 U_{T-} 表示，其差值 $\triangle U=U_{T+}-U_{T-}$ 称滞后电压或回差电压。施密特触发器具有的这一特性称为滞后特性或回差特性，如图 3-6-3 所示。当 555 的第 5 脚不加控制电压时，$U_{T+}=\frac{2}{3}U_{CC}$，$U_{T-}=\frac{1}{3}U_{CC}$，$\triangle U=U_{T+}-U_{T-}=\frac{1}{2}U_{CC}$。当第 5 脚加控制电压 U_M 时，$U_{T+}=U_M$，$U_{T-}=\frac{1}{2}U_M$ 回差 $\triangle U=U_{T+}-U_{T-}=\frac{1}{2}U_M$。

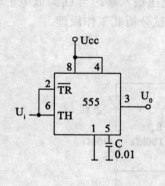
(a) 555定时器组成的施密特触发器

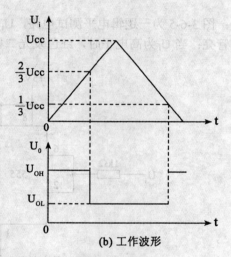
(b) 工作波形

图 3-6-2 555 构成的施密特触发器

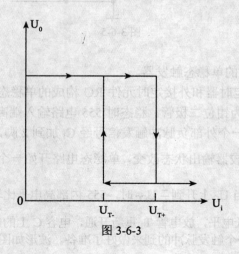

图 3-6-3

555 构成的施密特触发器常用于波形变换和整形，如图 3-6-4 所示。其中图 3-6-4（a）为触发器电路，图 3-6-4（b）和（c）为对不同输入信号的变换整形。

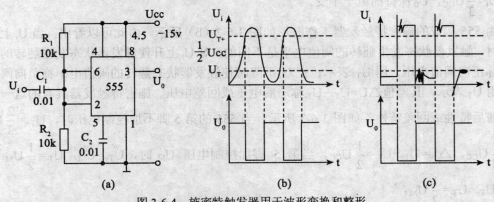

图 3-6-4 施密特触发器用于波形变换和整形

练习：图 3-6-5 为一逻辑电平测试电路，U_i 为被测电压输入端。当 U_i 为低电平时，绿色发光二极管亮；当 U_i 为高电平时，红色发光二极管亮。试分析其工作原理。

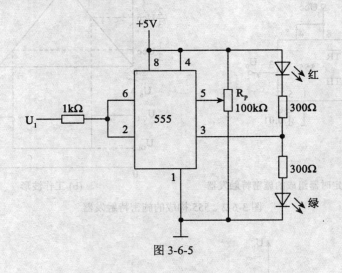

图 3-6-5

3. 由 555 定时器构成的单稳态触发器。

图 3-6-6(a)为由 555 定时器和外接定时元件 RC 构成的单稳态触发器。其中触发电路由 C_1、R_1、D 构成，其中 D 为钳位二极管。稳态时 555 电路输入端高电平，555 内部放电管 T_1 导通，输出低电平。当有一个外部负脉冲触发信号经 C_1 加到 2 脚，并使 2 脚电位瞬时低于 $\frac{1}{3}U_{CC}$，555 内部低电平比较器输出状态改变，单稳态电路开始一个暂态过程，电容 C 开始充电，U_C 按指数规律增长。当 U_C 上升到 $\frac{2}{3}U_{CC}$ 时，555 内部高电平比较器输出状态改变，从而使 555 输出 U_0 从高电平返回低电平，放电管 T_1 重新开通，电容 C 上的电荷很快经放电管放电，暂态结束，恢复稳态，为下一个触发脉冲的到来做好了准备。波形如图 3-6-6（b）所示。

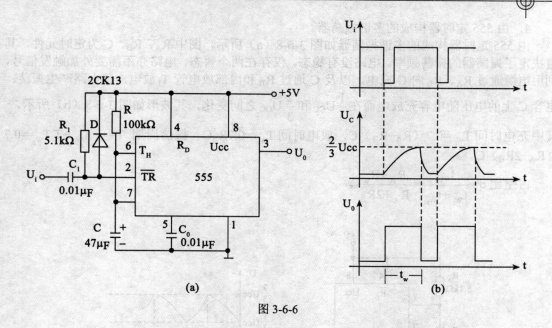

图 3-6-6

暂稳态持续时间 $t_W=1.1RC$（即为延时时间）取决于外接元件 R、C 的大小。

通过改变 R、C 的大小，可使延时时间在几微秒到几十分钟之间变化。当用这种单稳态电路作为计时器时，可直接驱动小型负载，并可使用复位端（4 脚）接地的方法来中止暂态，重新计时。

由 555 构成的单稳态触发器主要作延时之用，应用范围也十分广泛。图 3-6-7 为触摸开关电路。其中 M 为触摸金属片或导线。无触发脉冲输入时，555 的输出 U_0 为 0，发光二极管 D 不亮。当用手触摸金属片 M 时，相当于 2 脚输入一负脉冲，触发 555 翻转，使 U_0 变为 1，发光二极管亮，直到电容 C 上的电压上升到 $U_C=\frac{2}{3}U_{CC}$ 为止。二极管发光时间 $t_p=1.1RC=1.1S$。

该触摸开关可以用于触摸报警、触摸报时、融模控制等。图 3-6-7 中 C_1 为高频滤波电容。C_2 用来滤除电源引入的高频干扰。

练习：按图 3-6-7 连接电路，并进行调试。

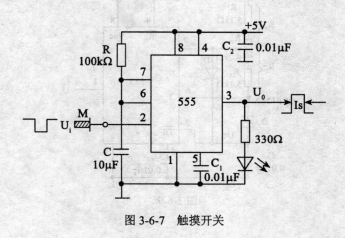

图 3-6-7 触摸开关

4. 由555定时器构成的多谐振荡器。

由555定时器构成的多谐振荡器如图3-6-8（a）所示，图中R_A、R_B、C为定时元件，其值决定了振荡器的振荡频率。电路没有稳态，仅存在两个暂态，电路亦不需要外加触发信号，利用电源通过R_A、R_B向C充电，以及C通过R_B和内部放电管T_1放电，使电路产生振荡。电容C上的电压随电容充放电而在$\frac{1}{3}U_{CC}$和$\frac{2}{3}U_{CC}$之间变化，其波形如图3-6-8（b）所示。其中充电时间$T_{W_1}=0.7(R_A+R_B)C$，放电时间$T_{W_2}=0.7R_BC$。振荡周期 $T=T_{W_1}+T_{W_2}=0.7(R_A+2R_B)C$。

占空比 $q=\dfrac{t_{W_1}}{t_{W_2}+t_{W_2}}=\dfrac{R_A+R_B}{R_A+2R_B}$。

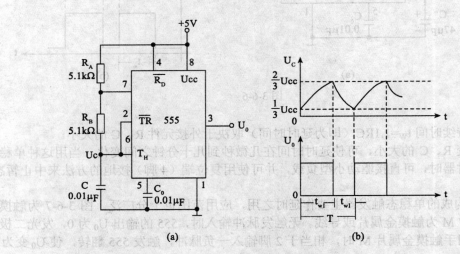

图3-6-8

为了能改变振荡频率和占空比，对电路进行改进。图3-6-9为占空比可调的多谐振荡器。其中D_1、D_2用来确定电容C不同的充放电通路，使其占空比可调。

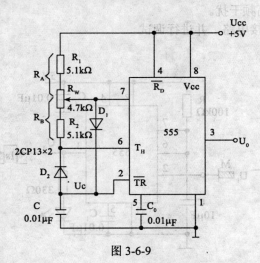

图3-6-9

占空比 $q=\dfrac{t_{w_1}}{t_{w_1}+t_{w_2}}=\dfrac{0.7R_A C}{0.7(R_A+R_B)C}=\dfrac{R_A}{R_A+R_B}$。

图 3-6-10 则不仅占空比可调，振荡频率也可调，其中 W_1 用于调频，W_2 用于调占空比。

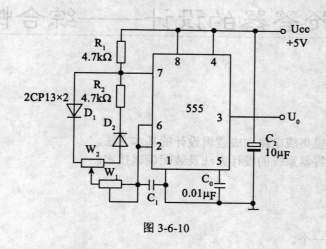

图 3-6-10

练习：1. 分别按图 3-6-8、图 3-6-9 和图 3-6-10 连接电路，并进行调试。
2. 用 555 设计一个能产生 1kHz 方波的振荡器。

四、实验报告

根据各练习要求，连接并调试电路，测试数据，并与理论值比较。

实验七　抢答器的设计——综合性实验

一、实验目的

1. 掌握用中规模集成电路完成逻辑设计的基本方法。
2. 掌握数字抢答器系统的设计方法及装配调试技术。

二、实验器材

1. 数字实验箱一个。
2. 万用表一块。
3. 集成块 74LS74 两片、74LS10 两片、74LS00 一片、74LS248 一片、NE555 一片。
4. 数码管（共阴）三个。
5. 电阻、电容若干。

三、实验内容及步骤

1. 抢答器的功能要求。

设计一个三人抢答器，要求优先抢答者发出抢答信号后，马上在 LED 上显示，并封存另外二路的抢答信号。电路应具有数字显示、抢答报警、复位等功能。

2. 系统设计提示。

（1）抢答器系统的构成。

根据抢答器的功能要求，该系统应由输入锁存复位电路、控制电路、BCD 编码电路、译码显示电路、报警电路等组成。如图 3-7-1 所示。

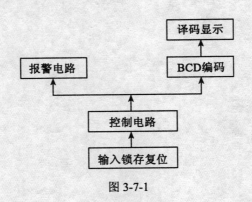

图 3-7-1

(2) 输入锁存复位电路。

输入锁存复位电路由三个具有清零和置位功能的触发器完成。如图 3-7-2 所示。它们的清零端 CLR 连接在一起，由复位开关 AN 控制。平时 AN 使得三个 CLR 端接高电平，一旦电路需要复位，按下 AN 开关，使得三个触发器均复位，其输出 A、B、C 均为低电平（此时电路处在抢答前或无抢答信号的状态）。

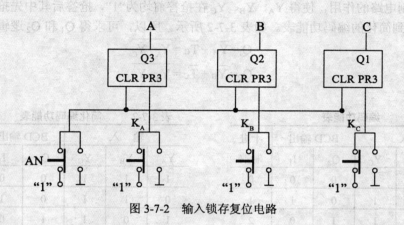

图 3-7-2　输入锁存复位电路

开关 K_A、K_B、K_C 平时接高电平，抢答开始后，先后按下这些开关使其接低电平，对应输出为高电平。在此电路中利用了触发器的记忆功能，锁住抢答信号，使抢答后的 A、B、C 均为"1"，即使 K_A、K_B、K_C 开关状态发生变化也不会影响触发器输出状态。

(3) 控制电路。

控制电路是抢答器的核心部分，它的作用是送出先抢答的一路信号，并封锁此后的抢答信号，这个电路可由与非门实现，如图 3-7-3 所示。设三路输入端为 A、B、C，三路输出为 Y_A、Y_B、Y_C。无抢答请求信号时，由于复位使 A=B=C="0"，对应三路输入 Y_A、Y_B、Y_C 均为"1"。发出抢答信号时，若 A 路先有抢答信号，即 A="1"时，该路输出 Y_A="0"并将"0"信号分别送往另外二路的输入端，由于"0"信号的封锁，使得 B、C 发出的抢答信号无效。同理可推出 B 或 C 先抢答的情况，即先抢答的一路先输入"1"，使其输出为"0"，并使次后者输出端锁定在"1"而与自身的输入无关，直到系统复位为止。

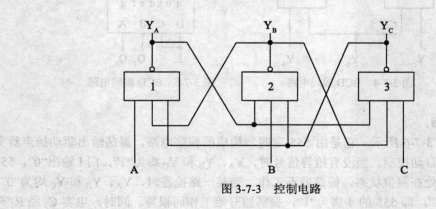

图 3-7-3　控制电路

(4) BCD 编码电路。

BCD 编码电路的作用是将控制电路的输出 Y_A、Y_B 和 Y_C 进行编码，即将 Y_A、Y_B 和 Y_C 作为编码电路的输入信号，编码后按 BCD 码输出，送给译码显示电路显示十进制数字。表 3-7-1 为其编码功能表，从中我们可以看到：当 Y_A="0"时（A 先抢答），BCD 码输出为"01"，即十进制数 1；当 Y_B="0"时（B 先抢答），BCD 码输出为"10"，即十进制为 2；当 Y_C="0"时（C 先抢答），BCD 码为"11"，即十进制数 3。

由于控制电路的作用，使得 Y_A、Y_B、Y_C 在抢答前均为"1"，抢答后其中先抢答的一路为"0"，即可得到简化的编码功能表。如表 3-7-2 所示。所以，可求得 Q_1 和 Q_2 逻辑表达式：

$$Q_1 = \overline{Y}_A + \overline{T}_C = \overline{Y_A \cdot Y_C}$$
$$Q_2 = \overline{Y}_B + \overline{T}_C = \overline{Y_B \cdot Y_C}$$

表 3-7-1　编码功能表

输入			BCD 输出		十进制数
Y_A	Y_B	Y_C	Q_2	I_1	
1	1	1	0	0	0
0	1	1	0	1	1
1	0	1	1	0	2
1	1	0	1	1	3

表 3-7-2　简化编码功能表

输入			BCD 输出		十进制数
Y_A	Y_B	Y_C	Q_2	I_1	
1	1	1	0	0	0
0	1	1	0	1	1
1	0	1	1	0	2
1	1	0	1	1	3

所以，BCD 编码电路如图 3-7-4 所示。

（5）译码、显示电路。

编码后的 BCD 码，送入译码显示电路，转换成数字显示，它可由七段 BCD 译码器 74LS248 和共阴数码组成，如图 3-7-5 所示。

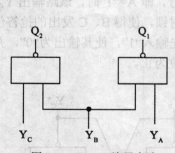
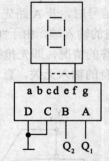

图 3-7-4　BCD 编码电路　　　　图 3-7-5　BCD 编码电路

（6）报警电路。

报警电路如图 3-7-6 所示。它是由 555 定时器构成的振荡电路，振荡输出驱动扬声器实现报警，报警时间自动控制。当没有抢答信号时，Y_A、Y_B 和 Y_C 均为"1"，门 I 输出"0"，555 的 4 脚为低电平而处在复位状态，振荡器不工作。当某一路抢答时，Y_A、Y_B 和 Y_C 均为"0"，使门 I 由"0"变为"1"，即 555 的 4 脚为"1"，振荡器开始工作而报警。同时，电容 C_3 经 R_3 充电，使 555 的 4 脚电位逐渐下降，当下降到低电平时，555 复位振荡器停振，报警自动停止。

由此可见，报警时间长短由 R_3、C_3 的大小决定。

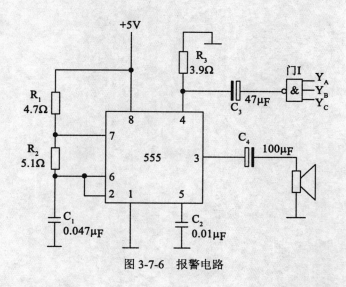

图 3-7-6　报警电路

（7）抢答器的级联、调试。

实验中，先将各单元电路分别进行电路连接和调试，确信各单元电路功能正常。最后将有关单元逐一极联，统一调试，直到抢答器能满足设计要求。

对输入锁存复位电路，需检测 AN 和 K_A、K_B、K_C 对 A、B、C 的控制使用。三个触发器的选择：只要是有"清零"和"置位"的触发器均可以，其 CP 端均不加信号。

报警电路中，振荡频率由 R_1、R_2 和 C_1 决定，具体计算公式见实验六。报警时间由 R_3、C_3 决定，实验时按 1 秒钟设计调整。

抢答器的整体调整测试是在各单元电路调测正常的基础之上进行的。将各单元电路连接起来，按 AN 使 LED 显示"0"，无报警声；当 K_A、K_B、K_C 先后按下时，LED 显示最先按下开关对应的编号，同时报警器发出约 1 秒钟报警声。之后抢答器对 K_A、K_B、K_C 开关的转换无响应，直到按下开关 AN 为止。

四、实验报告

1. 画出整个抢答器的完整电路图。
2. 按设计的电路图在试验箱上连接、调整、测试，并记录其过程。

练习：本实验为三路数字抢答器，你是否能设计出超过三路的抢答器电路？

设计要求：调整电阻阻值 R_1、R_2、C 的大小可改变。

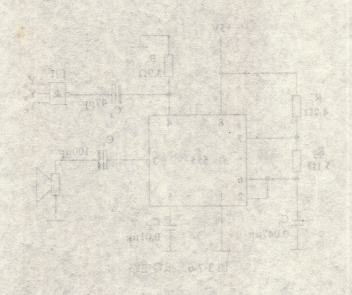

图 3-7-6 电路原理图

(2) 彩灯控制电路工作原理。

非稳态、单稳态触发器可用的实用电路较多，使输出单元的电路原理也各有不同。

当加入触发脉冲后，时钟脉冲 AN 输入后，$1_b、K_1、K_A、L_B、C$ 的单稳电路触发动态，其他情况，为二进制计数器的输入，其内部的状态发生变化，输出同时为 R、C 充放电，使其具有延时作用。

其次彩灯的显示过程也是将电阻值依次变化，是否可得到其中，当 K_1 为负压到下降，LED 正负导通 R_1 对关对面接通，调整 R_2 可以控制 C 的时间长，合理选择条件 R_1、K_1、K_2 可不断变化个数值，因此也可以到 AN 的输入。

四、实验报告

1. 画出万光管控制电路原理图。
2. 记录中彩灯控制电路正常工作，现象、现象、并分析现象。

第四部分 数字逻辑电路
实验二

第四部分 機率與隨機變數
實驗二

实验一　TTL 门电路参数测试

一、实验目的

1. 掌握 TTL 集成与非门的主要性能参数及测试方法。
2. 掌握 TTL 器件的使用规则。
3. 熟悉数字电路测试中常用电子仪器的使用方法。

二、实验器材

1. 数字逻辑电路实验箱。
2. 74LS00 一片、100Ω 电阻一个。
3. 数字万用表一块。
4. 双踪示波器一个。

三、实验原理

制造 TTL 门电路的厂家，通常都要为用户提供各种逻辑器件的数据手册，本实验以二输入四与非门 74LS00 为例来说明 TTL 各项技术参数。74LS00 内含有四个相互独立的与非门，每个与非门有两个输入端。

1. TTL 集成与非门的逻辑功能。

单个与非门的逻辑功能框图如图 4-1-1 所示，当输入端中有一个或一个以上是低电平时，输出为高电平；只有输入端全都为高电平时，输出端才是低电平。

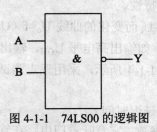

图 4-1-1　74LS00 的逻辑图

2. TTL 集成与非门的技术参数。

TTL 集成与非门的主要参数有输出高电平 U_{OH}、输出低电平 U_{OL}、输入短路电流 I_{is}、扇出系数 N_0、电压传输特性和平均传输延迟时间 t_{pd} 等。

(1) TTL 门电路的输出高电平 U_{OH}。

U_{OH} 是与非门有一个或多个输入端接地或接低电平时的输出电压值,此时与非工作管处于截止状态。空载时,U_{OH} 的典型值为 3.6V,接有拉电流负载时,U_{OH} 下降。

(2) TTL 门电路的输出低电平 U_{OL}。

U_{OL} 是与非门所有输入端都接高电平时的输出电压值,此时与非工作管处于饱和导通状态。空载时,它的典型值约为 0.2V,接有灌电流负载时,U_{OL} 将上升。

(3) TTL 门电路的输入短路电流 I_{is}。

它是指当被测输入端接地,其余端悬空,输出端空载时,由被测输入端输出的电流值,测试电路图如图 4-1-2。

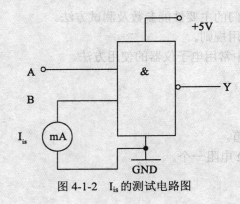

图 4-1-2 I_{is} 的测试电路图

(4) TTL 门电路的扇出系数 N_0。

扇出系数 N_0 指门电路能驱动同类门的个数,它是衡量门电路负载能力的一个参数。

TTL 集成与非门有两种不同性质的负载,即灌电流负载和拉电流负载。因此,它有两种扇出系数,即低电平扇出系数 N_{OL} 和高电平扇出系数 N_{OH}。通常有 $I_{IH}<I_{IL}$,则 $N_{OH}>N_{OL}$,故常以 N_{OL} 作为门的扇出系数。

N_{OL} 的测试电路如图 4-1-3 所示,门的输入端全部悬空,输出端接灌电流负载 R_L,调节 R_L 使 I_{OL} 增大,U_{OL} 随之增高,当 U_{OL} 达到 U_{OLm}(手册中规定低电平规范值为 0.4V)时的 I_{OL} 就是允许灌入的最大负载电流,则 $N_{OL}=I_{OL}\div I_{is}$,通常 $N_{OL}>8$。

(5) TTL 门电路的电压传输特性。

门的输出电压 U_o 随输入电压 U_i 而变化的曲线 $U_o=f(U_i)$ 称为门的电压传输特性,通过它可读得门电路的一些重要参数,如输出高电平 U_{OH}、输出低电平 U_{OL}、关门电平 U_{OFF}、开门电平 U_{ON} 等值。测试电路如图 4-1-4 所示,采用逐点测试法,即调节 R_w,逐点测得 U_i 及 U_o,然后绘成曲线。

(6) TTL 门电路的平均传输延迟时间 t_{pd}。

t_{pd} 是衡量门电路开关速度的参数,它意味着门电路在输入脉冲波形的作用下,其输出波形相对于输入波形延迟了多少时间。具体地说,是指输出波形边沿的 $0.5U_m$ 至输入波形对应边沿 $0.5U_m$ 点的时间间隔,如图 4-1-5 所示。一般传输延迟时间短,为 ns 数量级。

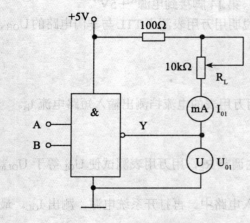
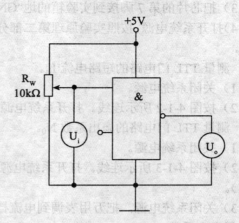

图 4-1-3 扇出系数测试电路　　　　图 4-1-4 电压传输特性测试电路

图 4-1-5（a）中的 t_{pdL} 为导通延迟时间，t_{pdH} 为截止延迟时间，平均传输时间为：$t_{pd}=(t_{pdL}+t_{pdH})/2$。

t_{pd} 的测试电路如图 4-1-5（b）所示，由于门电路的延迟时间较小，直接测量时对信号发生器和示波器的性能要求较高，故实验采用测量由奇数个非门组成的环形振荡器的振荡周期 T 来求得。其工作原理是：假设电路在接通电源后某一瞬间，电路中的 A 点为逻辑"1"，经过三级门的延时后，使 A 点由原来的逻辑"1"变为逻辑"0"；再经过三级门的延时后，A 点重新回到逻辑"1"。电路的其他各点电平也随着变化。说明使 A 点发生一个周期的振荡，必须经过 6 级门（两次循环）的延迟时间。因此平均传输延迟时间为：$t_{pd}=T/6$。TTL 电路的 t_{pd} 一般在 10~40ns 之间。

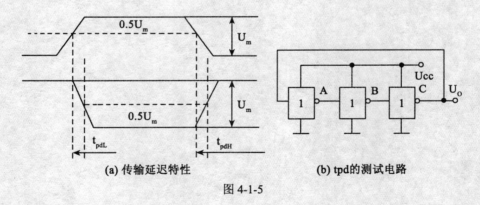

(a) 传输延迟特性　　　　(b) tpd 的测试电路

图 4-1-5

四、实验内容及实验步骤

1. 测量 TTL 门电路的 U_{OH} 和 U_{OL} 值。
（1）关闭系统电源。
（2）对照芯片引脚图，把 74LS00 正确放置到实验箱上的插座中。

(3) 把芯片的第 7 脚接到实验箱的地"GND",第 14 脚接到电源"+5V"。

(4) 打开系统电源,按照实验原理第二部分的说明用万用表测出 TTL 与非门电路的 U_{OH}、U_{OL} 值。

2．测量 TTL 门电路的短路电流 I_{is}。

(1) 关闭系统电源。

(2) 按图 4-1-2 所示连线。打开系统电源,用万用表的电流挡测出输入短路电流 I_{is}。

3．测量 TTL 门电路的扇出系数 N_0。

(1) 关闭系统电源。

(2) 按图 4-1-3 所示连线。打开系统电源,先调节 R_L,用万用表测试使 U_{OL} 等于 U_{OLm} (0.4V)。

(3) 关闭系统电源,把万用表调到电流挡串入电路中。再打开系统电源,测出 I_{OL}。最后,求得扇出系数 N_0($N_{OL}=I_{OL}\div I_{is}$)。

4．测量 TTL 门电路的电压传输特性。

(1) 关闭系统电源。

(2) 按图 4-1-4 所示连线,调节电位器 R_W,使 U_i 从 0V 向高电平变化,逐点测量 U_i 和 U_o,将结果记录于表 4-1-1 中。

(3) 按表绘制出电压传输曲线图。

表 4-1-1

U_i（V）	0	0.2	0.4	0.6	0.8	1.0	1.5	2.0	2.5	3.0	3.5	4.0

实验二　TTL 门电路的逻辑功能测试

一、实验目的

1. 测试 TTL 集成芯片中的与门、或门、非门的逻辑功能。
2. 了解测试方法与测试原理。

二、实验器材

1. 数字逻辑电路实验箱。
2. 芯片与门 74LS08、或门 74LS32、非门 74LS04 各一片。

三、实验原理

实验中用到的基本门电路的符号分别如图 4-2-1、图 4-2-2、图 4-2-3 所示。

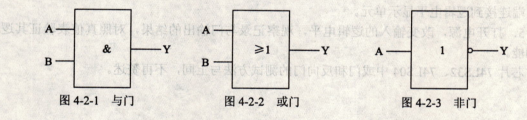

图 4-2-1　与门　　　　　图 4-2-2　或门　　　　　图 4-2-3　非门

在测试芯片逻辑功能时，把实验箱上逻辑电平输出单元作为输入，然后使用逻辑电平显示单元显示输出的逻辑电平。

74LS08 内含有四个相互独立的二输入与门，其内部连接图如图 4-2-4 所示。

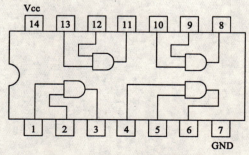

图 4-2-4　74LS08 的内部连接图

74LS32 内含有四个相互独立的二输入或门，其内部连接图如图 4-2-5 所示。

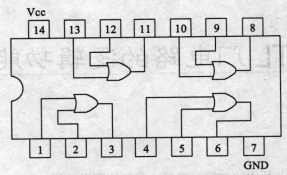

图 4-2-5　74LS32 的内部连接图

74LS04 内含有六个独立的反向器，请参照芯片说明手册，弄清其内部结构及应用方法。

四、实验内容及实验步骤

TTL 门电路的逻辑功能测试。

1．关闭系统电源。

2．对照附录中芯片引脚图，把 74LS08 正确放置到实验箱上的 DIP14 插座中。

3．把芯片的第 7 脚接到实验箱的地"GND"，第 14 脚接到电源"+5V"。

4．选择 74LS08 中的任意一个与门，把其输入引脚连接到实验箱上的逻辑电平输出单元，输出端连接到逻辑电平显示单元。

5．打开电源，改变输入的逻辑电平，观察记录与门输出的结果，对照真值表验证其逻辑功能。

芯片 74LS32、74LS04 中或门和反向门的测试方法与上同，不再赘述。

实验三　TTL集电极开路门和三态输出门测试

一、实验目的

1. 掌握 TTL 集电极开路门（OC 门）的逻辑功能及应用。
2. 了解集电极负载电阻 R_L 对集电极开路门的影响。
3. 掌握 TTL 三态输出门（3S 门）的逻辑功能及应用。

二、实验器材

1. 数字逻辑电路实验箱。
2. 芯片 74LS03、74LS125 各一片。
3. 200Ω 电阻（1 个）。
4. 数字万用表。
5. 双踪示波器。

三、实验原理

数字系统中有时需要把两个或两个以上集成逻辑门的输出端直接并接在一起完成一定的逻辑功能。对于普通的 TTL 电路，由于输出端采用了推拉式输出电路，无论输出是高电平还是低电平，输出阻抗都很低。因此，通常不允许将它们的输出端并接在一起使用，而集电极开路门和三态输出门是两种特殊的 TTL 门电路，它们允许把输出端直接并接在一起使用，也就是说，它们都具有"线与"的功能。

1. TTL 集电极开路门（OC 门）。

本实验所用 OC 门型号为二输入四与非门 74LS03。芯片工作时，输出端必须通过一只外接电阻 R_L 和电源 Ec 相连接，以保证输出电平符合电路要求。

OC 门的应用主要有下述三个方面：

（1）电路的"线与"特性方便完成某些特定的逻辑功能。如图 4-3-1 所示，将两个 OC 门输出端直接并接在一起，则它们的输出：

$$F = F_A \cdot F_B = \overline{A_1 \cdot A_2} \cdot \overline{B_1 \cdot B_2} = \overline{A_1 \cdot A_2 + B_1 B_2}$$

即把两个（或两个以上）OC 与非门"线与"可完成"与或非"的逻辑功能。

（2）实现多路信息采集，使两路以上的信息共用一个传输通道（总线）。

（3）实现逻辑电平转换，以推动荧光数码管、继电器、MOS 器件等多种器件。

OC 门输出并联运用时负载电阻 R_L 的选择：

如图 4-3-2 所示，电路由 n 个 OC 与非门"线与"驱动有 m 个输入端的 N 个 TTL 与非门，为保证 OC 门输出电平符合逻辑要求，负载电阻 R_L 阻值的选择范围为：

$$R_{Lmax} = \frac{E_C - U_{OH}}{mI_{iH}}, \quad R_{Lmin} = \frac{E_C - U_{OL}}{I_{LM} - NI_{iL}}$$

式中：I_{LM}——OC 门输出低电平 U_{OL} 时允许最大灌入负载电流（约为 20mA）

I_{iH}——负载门高电平输入电流（<50μA）

I_{iL}——负载门低电平输入电流（<1.6mA）

E_C——R_L 外接电源电压

n——OC 门个数

N——负载门个数

m——接入电路的负载门输入端总个数

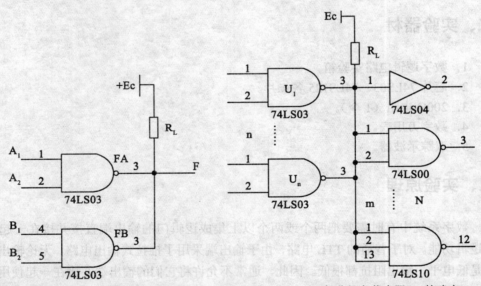

图 4-3-1 OC 与非门"线与"电路　　图 4-3-2 OC 与非门负载电阻 R_L 的确定

R_L 值必须小于 R_{Lmax}，否则 U_{OH} 将下降，R_L 值必须大于 R_{Lmin}，否则 U_{OL} 将上升，又 R_L 的大小会影响输出波形的边沿时间，在工作速度较高时，R_L 应尽量选取接近 R_{Lmin}。

2．TTL 三态输出门（3S 门）。

TTL 三态输出门是一种特殊的门电路，它与普通的 TTL 门电路结构不同，它的输出端除了通常的高电平、低电平两种状态外（这两种状态均为低阻状态），还有第三种输出状态——高阻态。当处于高阻态时，电路与负载之间相当于开路。三态输出门按逻辑功能及控制方式来分有各种不同类型，本实验所用三态门的型号是 74LS125 三态输出四总线缓冲器，图 4-3-3 是三态输出四总线缓冲器的逻辑符号，它有一个控制端（又称为禁止端或使能端）$\overline{E}$，$\overline{E}=0$ 为正常工作状态，实现 Y=A 的逻辑功能；$\overline{E}=1$ 为禁止状态，输出 Y 是高阻态。这种在控制端加低电平电路才能正常工作的方式称低电平使能。

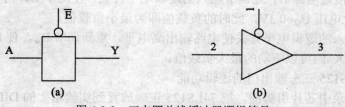

图 4-3-3 三态四总线缓冲器逻辑符号

表 4-3-1 为 74LS125 的功能表。

表 4-3-1

输入		输出
$\overline{E}$	A	F
0	0	0
0	1	1
1	0	高阻
1	1	

三态电路主要用途之一是实现总线传输,即用一个传输通道(称总线),以选通方式传送多路信息。使用时,要求只有需要传输信息的三态控制端处于使能态($\overline{E}=0$)其余各门皆处于禁止状态($\overline{E}=1$)。由于三态门输出电路结构与普通 TTL 电路相同,显然,若同时有两个或两个以上三态门的控制端处于使能态,将出现与普通 TTL 门"线与"运用时同样的问题,因而是绝对不允许的。

四、实验内容及实验步骤

1. TTL 集电极开路与非门 74LS03 负载电阻 R_L 的确定,连接图如图 4-3-4 所示。

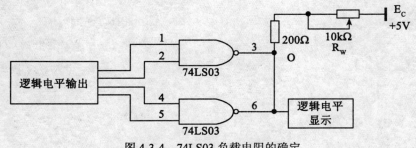

图 4-3-4 74LS03 负载电阻的确定

(1)对照附录中的芯片引脚图,把 74LS03 正确放置到实验箱上的一个 DIP14 插座中。
(2)按图 4-3-4 进行连线,注意芯片的第 7 脚接地,第 14 脚接电源,负载由一个 200Ω 电阻和一个 10kΩ 电位器 R_W 串接而成,并取 $E_C=5V$。

（3）实验箱接通电源后，先调节输入的逻辑电平开关，使两个OC门"线与"输出低电平，调节R_W使点O处电压$U_O=0.3V$，此时的负载值即为最小负载值。

（4）改变输入的逻辑电平开关使电路输出高电平，重新调节R_W，使$U_O=3.5V$，此时的负载值即为两个OC门可以驱动的最大负载值。

2．测试74LS125三态输出门的逻辑功能。

（1）对照附录中芯片引脚图，把74LS125正确放置到实验箱上的DIP14插座中。

（2）把芯片的第7脚接到实验箱的地"GND"，第14脚接到电源"+5V"。

（3）选择74LS125中的任意一个三态门，把输入引脚和使能端$\overline{E}$都连接到实验箱上的逻辑电平输出单元，输出端连接到逻辑电平显示单元。

（4）打开电源，依次改变输入引脚和使能端$\overline{E}$的逻辑电平如下：

① 输入端接0电平，使能端$\overline{E}=0$；

② 输入端接1电平，使能端$\overline{E}=0$；

③ 使能端$\overline{E}=1$，任意改变输入端电平；

观察输出端的逻辑电平显示情况并列表记录结果。

实验四 编码器及其应用

一、实验目的

1. 掌握一种门电路组成编码器的方法。
2. 掌握 10-4 线优先编码器 74LS147 的功能。

二、实验器材

1. 数字逻辑电路实验箱。
2. 数字万用表。
3. 芯片 74LS04、74LS20 各两片，74LS147、74LS32 各一片。

三、实验原理

1. 4-2 编码器。

赋予若干位二进制码以特定含义称为编码，能实现编码功能的逻辑电路称为编码器。编码器有若干个输入，在某一时刻只有一个输入信号被转换成二进制码。图 4-4-1 是一个最简单的 4 输入、2 位二进制码输出的编码器的逻辑原理图。

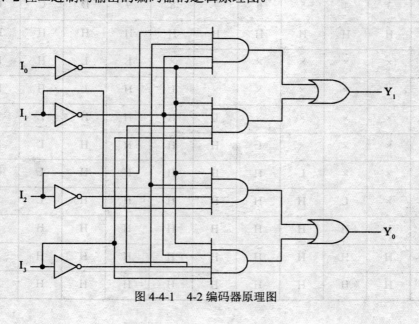

图 4-4-1 4-2 编码器原理图

由图可得逻辑表达式为：
$$Y_1=\overline{I_0}\,\overline{I_1}I_2\overline{I_3}+\overline{I_0}\,\overline{I_1}\,\overline{I_2}I_3 \qquad Y_0=\overline{I_0}I_1\overline{I_2}\,\overline{I_3}+\overline{I_0}\,\overline{I_1}\,\overline{I_2}I_3$$

其功能表如表 4-4-1 所示。

表 4-4-1　　　　　　　　　　　　　4-2 编码器功能表

输入				输出	
I_0	I_1	I_2	I_3	Y_1	Y_0
1	0	0	0	0	0
0	1	0	0	0	1
0	0	1	0	1	0
0	0	0	1	1	1

由上表可以看出，当 $I_0 \sim I_3$ 中在某一位输入为 1 时，输出 $Y_1 Y_0$ 为相应的代码。例如，当 I_1 为 1 时，输出 $Y_1 Y_0$ 为 01。

2．10-4 线优先编码器 74LS147。

74LS147 的输出为 8421BCD 码，它的逻辑图如图 4-4-2 所示，其管脚分配如图 4-4-3 所示，其功能如表 4-4-2 所示。

表 4-4-2　　　　　　　　　　　优先编码器 74LS147 功能表

输入									输出			
1	2	3	4	5	6	7	8	9	D	C	B	A
H	H	H	H	H	H	H	H	H	H	H	H	H
×	×	×	×	×	×	×	×	L	L	H	H	L
×	×	×	×	×	×	×	L	H	L	H	H	H
×	×	×	×	×	×	L	H	H	H	L	L	L
×	×	×	×	×	L	H	H	H	H	L	L	H
×	×	×	×	L	H	H	H	H	H	L	H	L
×	×	×	L	H	H	H	H	H	H	L	H	H
×	×	L	H	H	H	H	H	H	H	H	L	L
×	L	H	H	H	H	H	H	H	H	H	L	H
L	H	H	H	H	H	H	H	H	H	H	H	L

第四部分　数字逻辑电路实验二

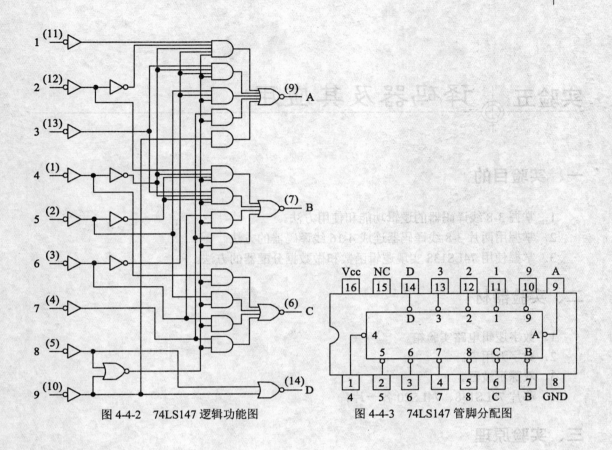

图 4-4-2　74LS147 逻辑功能图　　　　图 4-4-3　74LS147 管脚分配图

四、实验内容及实验步骤

1．4-2 线编码器。

（1）对照芯片引脚图，把两片 74LS04、两片 74LS20、一片 74LS32 正确的放置到实验箱上相应引脚数目的插座中（DIP14 插座不够可用 DIP16 等插座代替）。

（2）把各芯片的接地与电源引脚分别接到实验箱上的"GND"和"+5V"处。

（3）按照图 4-4-1 连线，组成一个 4-2 线编码器。

（4）将组成的 4-2 线编码器的输入端连接到实验箱上逻辑电平输出单元，输出端连接到逻辑电平显示单元。

（5）打开电源，据表 4-4-1，验证 4-2 线编码器的逻辑功能。

2．10-4 线优先编码器 74LS147。

（1）对照附录中芯片引脚图，把 74LS147 正确放置到实验箱上的 DIP16 插座中。

（2）把芯片的第 8 脚接到实验箱的地"GND"，第 16 脚接到电源"+5V"。

（3）将 74LS147 的输入端 A~D 接到实验箱上逻辑电平输出单元，输出端接到逻辑电平显示单元。

（4）打开电源，据表 4-4-2，改变各输入脚的逻辑电平，测试 74LS147 的逻辑功能。

实验五　译码器及其应用

一、实验目的

1. 掌握 3-8 线译码器的逻辑功能和使用方法。
2. 掌握用两片 3-8 线译码器连成 4-16 线译码器的方法。
3. 掌握使用 74LS138 实现逻辑函数和做数据分配器的方法。

二、实验器材

1. 数字逻辑电路实验箱。
2. 数字万用表。
3. 双踪示波器。
4. 芯片 74LS138、74LS20 各一片。

三、实验原理

译码是编码的逆过程,它的功能是将具有特定含义的二进制码进行辨别,并转换成控制信号,具有译码功能的逻辑电路称为译码器。译码器在数字系统中有广泛的应用,不仅用于代码的转换、终端的数字显示,还用于数据分配,存储器寻址和组合控制信号等。不同的功能可选用不同种类的译码器。

图 4-5-1 表示二进制译码器的一般原理图。

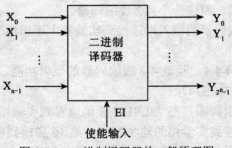

图 4-5-1　二进制译码器的一般原理图

它具有 n 个输入端,2^n 个输出端和一个使能输入端。在使能输入端为有效电平时,对应每一组输入代码,只有其中一个输出端为有效电平,其余输出端则为非有效电平。每一个输出所代表的函数对应于 n 个输入变量的最小项。二进制译码器实际上也是负脉冲输出的脉冲分配器，若利用使能端中的一个输入端输入数据信息，器件就成为一个数据分配器（又称为多路数据分配器）。

1．3-8 线译码器 74LS138。

它有三个地址输入端 A、B、C，它们共有 8 种状态的组合，即可译出 8 个输出信号 $Y_0 \sim Y_7$。另外它还有三个使能输入端 E_1、E_2、E_3。它的功能表如表 4-5-1 所示，引脚排列如图 4-5-2 所示。

表 4-5-1　　　　　　　　　　　　74LS138 的功能表

输入						输出							
E_3	E_1	E_2	C	B	A	Y_0	Y_1	Y_2	Y_3	Y_4	Y_5	Y_6	Y_7
×	H	×	×	×	×	H	H	H	H	H	H	H	H
×	×	H	×	×	×	H	H	H	H	H	H	H	H
L	×	×	×	×	×	H	H	H	H	H	H	H	H
H	L	L	L	L	L	L	H	H	H	H	H	H	H
H	L	L	L	L	H	H	L	H	H	H	H	H	H
H	L	L	L	H	L	H	H	L	H	H	H	H	H
H	L	L	L	H	H	H	H	H	L	H	H	H	H
H	L	L	H	L	L	H	H	H	H	L	H	H	H
H	L	L	H	L	H	H	H	H	H	H	L	H	H
H	L	L	H	H	L	H	H	H	H	H	H	L	H
H	L	L	H	H	H	H	H	H	H	H	H	H	L

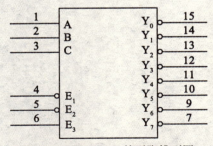

图 4-5-2　74LS138 的引脚排列图

2．用 74LS138 实现逻辑函数。

一个 3-8 线译码器能产生 3 变量函数的全部最小项，利用这一点能够很方便地实现 3 变量逻辑函数。图 4-5-3 实现了 $F=\overline{X}YZ+\overline{XY}\overline{Z}+X\overline{YZ}+XYZ$ 功能输出：

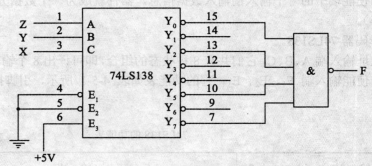

图 4-5-3 实现逻辑函数

四、实验内容及实验步骤

1．74LS138 译码器逻辑功能测试。
（1）对照附录中芯片引脚图，把 74LS138 正确放置到实验箱上的 DIP16 插座中。
（2）把芯片的第 8 脚接到实验箱的地"GND"，第 16 脚接到电源"＋5V"。
（3）将 74LS138 的输入端 A~C、E_1~E_3 接到实验箱上逻辑电平输出单元，输出端 Y_0~Y_7 接到逻辑电平显示单元。
（4）打开电源，据表 4-5-1，改变各输入脚的逻辑电平，测试 74LS138 的逻辑功能。

2．验证 74LS138 实现逻辑函数。
（1）根据附录中芯片引脚图，把一片 74LS138 和一片 74LS20 正确地放置到实验箱上相应的插座中。
（2）把两芯片的接地与电源引脚分别接到实验箱上的"GND"和"＋5V"处。
（3）按图 4-5-3 连线，把 74LS138 的 X、Y、Z 三个输入端接到实验箱上逻辑电平输出单元，74LS20 上与非门的输出端连接到逻辑电平显示单元。
（4）打开电源，改变各输入脚的逻辑电平，验证 74LS138 实现逻辑函数的功能。

实验六　数码管显示实验

一、实验目的

1. 熟悉共阴、共阳数码管的使用。
2. 掌握数码管的驱动方法。

二、实验器材

1. 数字逻辑电路实验箱（带共阴共阳数码管）。
2. 数字万用表。
3. 芯片 74LS47、74LS48 各一片。

三、实验原理

在数字测量仪表和各种数字系统中，都需要将数字量直观地显示出来，一方面供人们直接读取测量和运算的结果，另一方面用于监视数字系统的工作情况。因此，数字显示电路是许多数字设备不可缺少的部分。数字显示电路通常由译码器、驱动器和显示器等部分组成，如图 4-6-1 所示。

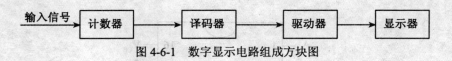

图 4-6-1　数字显示电路组成方块图

数码的显示方式一般有三种：第一种是字形重叠式，第二种是分段式，第三种是点阵式。目前以分段式应用最为普遍，主要由七段发光二极管组成。它可分为两种，一是共阳极数码管（发光二极管的阳极都接在一个公共点上），另一是共阴极数码管（发光二极管的阴极都接在一个公共点上，使用时公共点接地）。图 4-6-2（a）、图 4-6-2（b）分别是共阴管和共阳管的电路，M（−）表示负极接地，M（+）表示正极接 Vcc。图 4-6-3（a）、图 4-6-3（b）分别是共阴管和共阳管的引出脚功能图。

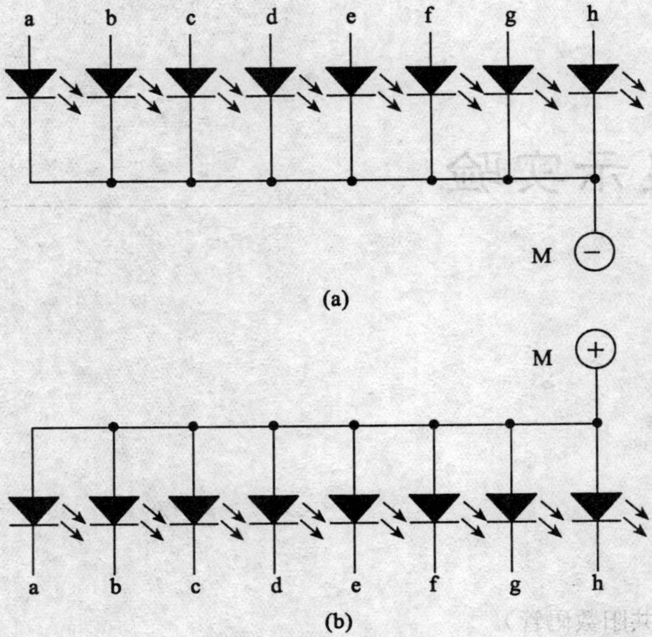

图 4-6-2

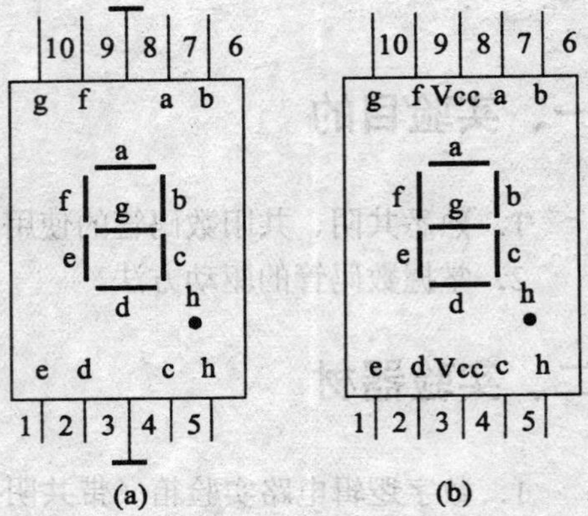

图 4-6-3

一个 LED 数码管可用来显示一位 0~9 十进制数和一个小数点。小型数码管（0.5 寸和 0.36 寸）每段半导体数码管的正向压降，随显示光（通常为红、绿、黄、橙色）的颜色不同略有差别，通常约为 2~2.5V，每个半导体数码管的点亮电流在 5~10mA。数码管要显示 BCD 码所表示的十进制数字就需要有一个专门的译码器，该译码器不但要有译码功能，还要有相当的驱动能力。

1．74LS47 共阳极译码驱动器。

74LS47 是用来驱动共阳极显示器的，其引脚图如图 4-6-4 所示，在使用时要注意，74LS47 为集电极开路输出，使用时要外接电阻。用 74LS47 驱动一个数码管的连线图如图 4-6-5 所示。

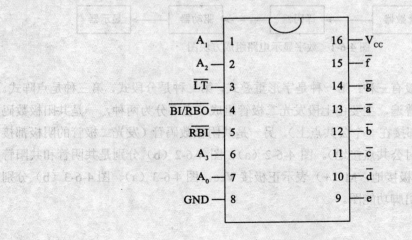

图 4-6-4　74LS47 引脚图

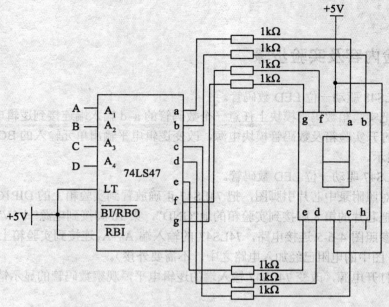

图 4-6-5 74LS47 驱动数码管

2. 74LS48 共阴极译码驱动器。

用 74LS48 驱动一位数码管时，输出端 a~g 直接接到公阴极数码管的相应引脚上，输入端 A~D 接 BCD 码输入，从 A~D 输入的 BCD 码在数码管上显示相应的十进制数，在实验箱上，已经把 74LS48 与数码管连接起来了，只要在输入端 A~D 加上逻辑电平，数码管就可以显示。

图 4-6-6 是用 74LS48 驱动一位 LED 数码管时芯片引脚与连接标号图。

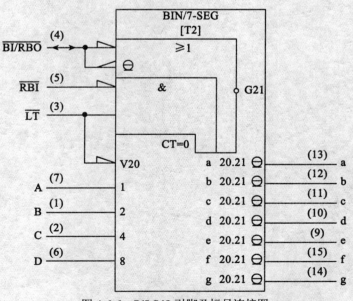

图 4-6-6 74LS48 引脚及标号连接图

四、实验内容及实验步骤

1. 74LS48 驱动一位 LED 数码管。

（1）把实验箱数码管模块上任意一个数码管的 a~d 输入端连接到逻辑电平输出单元。

（2）打开实验箱及数码管模块电源，改变逻辑电平输出单元输入的 BCD 码，观察数码管相应的显示。

2. 74LS47 驱动一位 LED 数码管。

（1）对照附录中芯片引脚图，把 74LS47 正确放置到实验箱上的 DIP16 插座中。

（2）把芯片的第 8 脚接到实验箱的地"GND"，第 16 脚接到电源"+5V"。

（3）参照图 4-6-5 连接电路，74LS47 的输入端 A_0~A_3 连接到实验箱上逻辑电平输出单元（注意，图中的电阻已经加入电路之中，不需要外接）。

（4）打开电源，改变 74LS47 输入端的逻辑电平，观察数码管的显示情况。

实验七　加法器与数值比较器

一、实验目的

1. 掌握半加器和全加器的工作原理。
2. 掌握数值比较器的工作原理。
3. 掌握四位数值比较器 74LS85 的逻辑功能。

二、实验器材

1. 数字逻辑电路实验箱。
2. 数字万用表。
3. 芯片 74LS85、74LS04、74LS08、74LS32、74LS86 各一片。

三、实验原理

1. 半加器。

半加器是表 4-7-1 逻辑功能的电路，由表可以看出这种加法运算只考虑了两个加数本身，而没有考虑由低位来的进位，所以称为半加。表 4-7-1 就是一个最简单的半加器的真值表。

表 4-7-1　　　　　　　　两个 1 位二进制的加法

被加数 A	加数 B	和数 S	进位数 C
0	0	0	0
0	1	1	0
1	0	1	0
1	1	0	1

由真值表可得：

$$S=\bar{A}B+A\bar{B}$$
$$C=AB$$

用异或门和与门组成的半加器的原理图如图 4-7-1 所示。

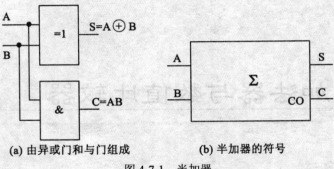

(a) 由异或门和与门组成　　(b) 半加器的符号

图 4-7-1　半加器

2．全加器。

全加器能进行加数、被加数和低位来的进位信号相加，并根据求和的结果给出该位的进位信号。

根据全加器的功能，可列出它的真值表，如表 4-7-2 所示。其中，C_{i-1} 为相邻低位来的进位数，S_i 为本位和数，C_i 为向相邻高位的进位数。

由全加器的真值表可以写出 S_i 和 C_i 的逻辑表达式：

$$S_i = A_i \oplus B_i \oplus C_{i-1}, \quad C_i = A_i B_i + (A_i \oplus B_i) C_{i-1}$$

表 4-7-2　　　　　　　　　　全加器的真值表

A_i	B_i	C_{i-1}	S_i	C_i
0	0	0	0	0
0	0	1	1	0
0	1	0	1	0
0	1	1	0	1
1	0	0	1	0
1	0	1	0	1
1	1	0	0	1
1	1	1	1	1

它的原理图如图 4-7-2 所示。

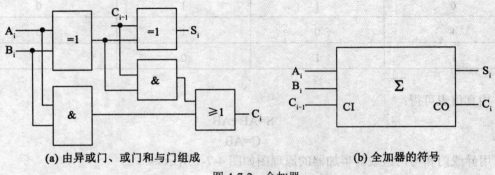

(a) 由异或门、或门和与门组成　　(b) 全加器的符号

图 4-7-2　全加器

3．数值比较器的原理。

在数字系统中，常常要比较两个数的大小。数值比较器就是对两数 A、B 进行比较，以判断其大小的逻辑电路。比较结果有 A>B、A<B、A=B 三种情况。表 4-7-3 是最简单的一位数值比较器的真值表，图 4-7-3 是逻辑电路图。

表 4-7-3   一位数值比较器的真值表

输入		输出		
A	B	$F_{A>B}$	$F_{A<B}$	$F_{A=B}$
0	0	0	0	1
0	1	0	1	0
1	0	1	0	0
1	1	0	0	1

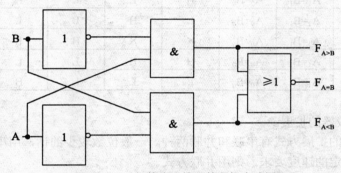

图 4-7-3　一位数值比较器的逻辑电路图

对于多位的情况，一般说来，先比较高位，当高位不等时，两个数的比较结果就是高位的比较结果；当高位相等时，两数的比较结果由低位决定。

集成数值比较器 74LS85。

集成数值比较器 74LS85 是四位数值比较器，它的管脚图如图 4-7-4 所示，真值表如表 4-7-4 所示。其中 10、12、13、15 和 1、9、11、14 脚是输入端，5、6、7 脚为输出端，2、3、4 脚为级联输入端。8 脚为地，16 脚为电源。

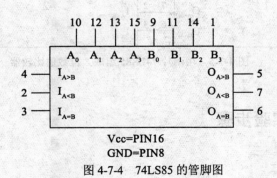

图 4-7-4　74LS85 的管脚图

表 4-7-4　　　　　　　　　　　　　　74LS85 的真值表

COMPARING INPUTS				CASCADING INPUTS			OUTPUTS		
A_3, B_3	A_2, B_2	A_1, B_1	A_0, B_0	$I_{A>B}$	$I_{A<B}$	$I_{A=B}$	$O_{A>B}$	$O_{A<B}$	$O_{A=B}$
$A_3>B_3$	×	×	×	×	×	×	H	L	L
$A_3<B_3$	×	×	×	×	×	×	L	H	L
$A_3=B_3$	$A_2>B_2$	×	×	×	×	×	H	L	L
$A_3=B_3$	$A_2<B_2$	×	×	×	×	×	L	H	L
$A_3=B_3$	$A_2=B_2$	$A_1>B_1$	×	×	×	×	H	L	L
$A_3=B_3$	$A_2=B_2$	$A_1<B_1$	×	×	×	×	L	H	L
$A_3=B_3$	$A_2=B_2$	$A_1=B_1$	$A_0>B_0$	×	×	×	H	L	L
$A_3=B_3$	$A_2=B_2$	$A_1=B_1$	$A_0<B_0$	×	×	×	L	H	L
$A_3=B_3$	$A_2=B_2$	$A_1=B_1$	$A_0=B_0$	H	L	L	H	L	L
$A_3=B_3$	$A_2=B_2$	$A_1=B_1$	$A_0=B_0$	L	H	L	L	H	L
$A_3=B_3$	$A_2=B_2$	$A_1=B_1$	$A_0=B_0$	×	×	H	L	L	H
$A_3=B_3$	$A_2=B_2$	$A_1=B_1$	$A_0=B_0$	H	H	L	L	L	L
$A_3=B_3$	$A_2=B_2$	$A_1=B_1$	$A_0=B_0$	L	L	L	H	H	L

4．数值比较器的扩展。

数值比较器的扩展方式有串联和并联两种。一般位数较少的话，用串联方式；如果位数较多且要满足一定的速度要求，则用并联方式。

这里我们用串联方式，用两片 74LS85 组成 8 位数值比较器。我们知道，对于两个 8 位数，若高 4 位相同，它们的大小将由低 4 位的比较结果确定。因此，低 4 位的比较结果作为高 4 位的条件，即低 4 位比较器的输出端应分别与高 4 位比较器的 $I_{A>B}$、$I_{A<B}$ 和 $I_{A=B}$ 端连接，如图 4-7-5 所示。

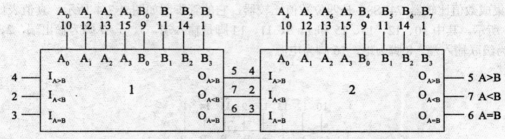

图 4-7-5　用两片 74LS85 组成 8 位数值比较器

四、实验内容及实验步骤

1．半加器设计。

（1）对照芯片引脚图，把一片 74LS08、一片 74LS86 正确的放置到实验箱上相应引脚数目的插座中。

（2）把各芯片的接地与电源引脚分别接到实验箱上的"GND"和"＋5V"处。

（3）按照图 4-7-1（a）所示连线，组成一个半加器。

（4）将组成的半加器的输入端连接到实验箱上逻辑电平输出单元，输出端连接到逻辑电平显示单元。

（5）打开电源，验证所设计的半加器的逻辑功能。

2．全加器设计。

参照图 4-7-2，用 74LS04、74LS08、74LS32 各一片设计一个全加器，设计方法于半加器的设计类似，自行检验设计结果。

3．验证 74LS85 的逻辑功能。

（1）对照附录中芯片引脚图，把 74LS85 正确放置到实验箱上的 DIP16 插座中。

（2）把芯片的第 8 脚接到实验箱的地"GND"，第 16 脚接到电源"＋5V"。

（3）将 74LS85 的输入端接到实验箱上逻辑电平输出单元，输出端接到逻辑电平显示单元。

（4）打开电源，参照表 4-7-4，改变各输入脚的逻辑电平，测试 74LS85 的逻辑功能。

4．数值比较器的扩展。

（1）对照芯片引脚图，把两片 74LS85 正确的放置到实验箱上相应引脚数目的插座中。

（2）把芯片的接地与电源引脚分别接到实验箱上的"GND"和"＋5V"处。

（3）按照图 4-7-5 连线，组成一个 8 位数值比较器。

（4）将组成的数值比较器的输入端连接到实验箱上逻辑电平输出单元，输出端连接到逻辑电平显示单元。

（5）打开电源，验证所设计数值比较器的逻辑功能。

实验八 移位寄存器及其应用

一、实验目的

1. 掌握四位双向移位寄存器的逻辑功能与使用方法。
2. 了解移位寄存器的使用——实现数据的串行、并行转换和构成环形计数器。

二、实验器材

1. 数字逻辑电路实验箱。
2. 双踪示波器，数字万用表。
3. 芯片 74LS00、74LS04、74LS20 各一片，74LS194 两片。

三、实验原理

1. 移位寄存器是一个具有移位功能的寄存器，是指寄存器中所存的代码能够在移位脉冲的作用下依次左移或右移。既能左移又能右移的称为双向移位寄存器，只需要改变左右移的控制信号便可实现双向移位要求。根据寄存器存取信息的方式不同分为：串入串出、串入并出、并入串出、并入并出四种形式。

本实验选用的 4 位双向通用移位寄存器，型号为 74LS194 或 CD40194，两者功能相同，可互换使用，其逻辑符号及引脚排列如图 4-8-1 所示。其中 SR 为右移串行输入端，SL 为左移串行输入端，功能作用如表 4-8-1 所示。

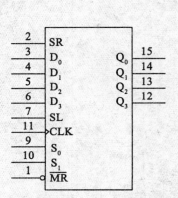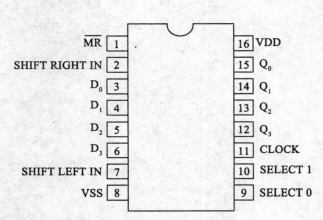

图 4-8-1 74LS194 的逻辑符号及引脚排列

表 4-8-1　　　　　　　　　　74LS194 的功能表

CLK	MR	S_1	S_0	功能	$Q_3Q_2Q_1Q_0$
×	0	×	×	清除	$\overline{MR}=0$，使 $Q_3Q_2Q_1Q_0=0000$，寄存器正常工作时，$\overline{MR}=1$。
↑	1	1	1	送数	CLK 上升沿作用后，并行输入数据送入寄存器。$Q_3Q_2Q_1Q_0=D_3D_2D_1D_0$，此时串行数据（SR、SL）被禁止。
↑	1	0	1	右移	串行数据送至右移输入端 SR，CLK 上升沿进行右移。$Q_3Q_2Q_1Q_0=Q_2Q_1Q_0SR$
↑	1	1	0	左移	串行数据送至左移输入端 SL，CLK 上升沿进行左移。$Q_3Q_2Q_1Q_0=SLQ_3Q_2Q_1$
↑	1	0	0	保持	CLK 作用后寄存器内容保持不变。$Q_3Q_2Q_1Q_0=Q^n_3Q^n_2Q^n_1Q^n_0$
↓	1	×	×	保持	$Q_3Q_2Q_1Q_0=Q^n_3Q^n_2Q^n_1Q^n_0$

2. 移位寄存器应用很广，可构成移位寄存器型计数器、顺序脉冲发生器和串行累加器；可用作数据转换，即把串行数据转换为并行数据，或把并行数据转换为串行数据等。

（1）环形计数器。

把移位寄存器的输出反馈到它的串行输入端，就可以进行循环移位，如图 4-8-2 所示。

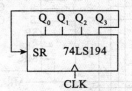

图 4-8-2　环形计数器示意图

将输出端 Q_3 与输入端 SR 相连后，在时钟脉冲的作用下 $Q_0Q_1Q_2Q_3$ 将依次右移。同理，将输出端 Q_0 与输入端 SL 相连后，在时钟脉冲的作用下 $Q_0Q_1Q_2Q_3$ 将依次左移。

（2）实现数据串、并转换。

① 串行/并行转换器。

串行/并行转换是指串行输入的数据，经过转换电路之后变成并行输出。下面是用两片 74LS194 构成的七位串行/并行转换电路。如图 4-8-3 所示。

电路中 S_0 端接高电平 1，S_1 受 Q_7 控制，两片寄存器连接成串行输入右移工作模式。Q_7 是转换结束标志。当 $Q_7=1$ 时，S_1 为 0，使之成为 $S_1S_0=01$ 的串入右移工作方式；当 $Q_7=0$ 时，S_1 为 1，有 $S_1S_0=11$，则串行送数结束，标志着串行输入的数据已转换成为并行输出。

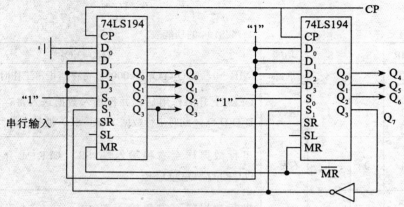

图 4-8-3　七位串行/并行转换电路示意图

②并行/串行转换器。

并行/串行转换是指并行输入的数据，经过转换电路之后变成串行输出。下面是用两片 74LS194 构成的七位并行/串行转换电路，如图 4-8-4 所示。与图 4-8-3 相比，它多了两个与非门，而且还多了一个转动换启动信号（负脉冲或低电平），工作方式同样为右移。

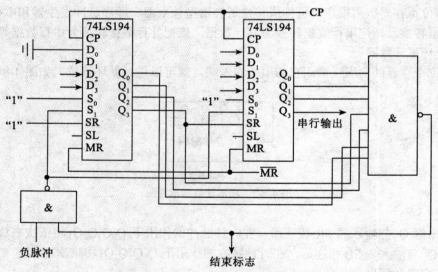

图 4-8-4　七位并行/串行转换电路示意图

对于中规模的集成移位寄存器，其位数往往以 4 位居多，当所需要的位数多于 4 位时，可以把几片集成移位寄存器用级连的方法来扩展位数。

四、实验内容及实验步骤

1．测试 74LS194 的逻辑功能。

（1）对照芯片引脚图，把 74LS194 正确放置到实验箱上的 DIP16 插座中。

（2）把芯片的第 8 脚接到实验箱的地"GND"，第 16 脚接到电源"+5V"。

（3）将 74LS194 的 $\overline{MR}$、S_1、S_0、SL、SR、D_0、D_1、D_2、D_3 端连接到实验箱上逻辑电平输出单元，$Q_0 \sim Q_3$ 端连接到逻辑电平显示单元，CLK 接实验箱上负脉冲输出点。

（4）打开电源，据表 4-8-1，通过改变输入的逻辑电平，测试 74LS194 的逻辑功能。

2．环形计数器。

自拟实验线路，用并行送数法预置计数器为某二进制代码（如 0100），然后进行右移循环，观察寄存器输出端状态的变化；再进行循环左移，观察寄存器输出端状态的变化，将结果记录下来。

3．实现数据的串行/并行转换。

按图 4-8-3 连线，进行右移串入、并出实验，串入数据自定，自拟表格并记录下实验结果。

4．实现数据的并行/串行转换。

按图 4-8-4 连线，进行右移并入、串出实验，并入数据自定，自拟表格并记录下实验结果。

实验九　计数器及其应用

一、实验目的

1. 学会用集成电路构成计数器的方法。
2. 掌握中规模集成计数器的使用及功能测试方法。
3. 运用集成计数器构成 1/N 分频器。

二、实验器材

1. 数字逻辑电路实验箱。
2. 双踪示波器，数字万用表。
3. 芯片 74LS74、74LS90、74LS00、74LS04 各一片，74LS192 两片。

三、实验原理

计数器是数字系统中用得较多的基本逻辑器件，它的基本功能是统计时钟脉冲的个数，即实现计数操作，它也可用于分频、定时、产生节拍脉冲和脉冲序列等。例如，计算机中的时序发生器、分频器、指令计数器等都要使用计数器。

计数器的种类很多。按构成计数器中的各触发器是否使用一个时钟脉冲源来分，可分为同步计数器和异步计数器；按进位体制的不同，可分为二进制计数器、十进制计数器和任意进制计数器；按计数过程中数字增减趋势的不同，可分为加法计数器、减法计数器和可逆计数器；还有可预制数功能等。

1. 用 D 触发器构成异步二进制加法/减法计数器。

如图 4-9-1 所示，是由 3 个上升沿触发的 D 触发器组成的 3 位二进制异步加法计数器。

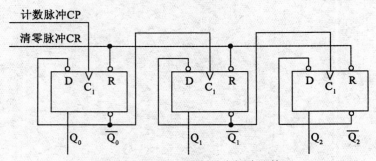

图 4-9-1　3 位二进制异步加法计数器

图中各个触发器的反相输出端与该触发器的 D 输入端相连,就把 D 触发器转换成为计数型触发器 T。

将图 4-9-1 加以少许改变后,即将低位触发器的 Q 端与高一位的 CP 端相连,就得到 3 位二进制异步减法计数器,如图 4-9-2 所示。

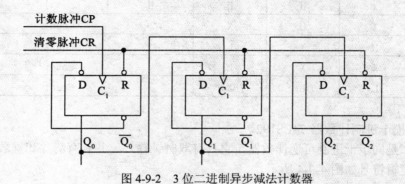

图 4-9-2　3 位二进制异步减法计数器

2. 异步集成计数器 74LS90。

74LS90 为中规模 TTL 集成计数器,可实现二分频、五分频和十分频等功能,它由一个二进制计数器和一个五进制计数器构成。其引脚排列图如图 4-9-3 所示,功能表如表 4-9-1 所示。

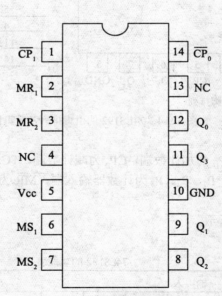

图 4-9-3　74LS90 的管脚排列图

表 4-9-1　　　　　　　　　　　　　　74LS90 的功能表

RESET/SET INPUTS				OUTPUTS			
MR_1	MR_2	MS_1	MS_2	Q_0	Q_1	Q_2	Q_3
H	H	L	X	L	L	L	L

续表

RESET/SET INPUTS				OUTPUTS			
MR_1	MR_2	MS_1	MS_2	Q_0	Q_1	Q_2	Q_3
H	H	X	L	L	L	L	L
X	X	H	H	H	L	L	H
L	X	L	X	Count			
X	L	X	L	Count			
L	X	X	L	Count			
X	L	L	X	Count			

3．中规模十进制计数器 74LS192。

74LS192 是同步十进制可逆计数器，它具有双时钟输入，并具有清除和置数等功能，其引脚排列及逻辑符号如图 4-9-4 所示。

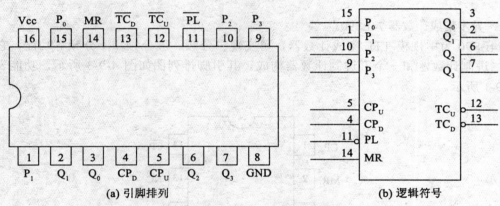

(a) 引脚排列　　　　　　　　　　(b) 逻辑符号

图 4-9-4　74LS192 的引脚排列及逻辑符号

图中 $\overline{PL}$ 为置数端，CP_U 为加计数端，CP_D 为减计数端，$\overline{TC_U}$ 为非同步进位输出端，$\overline{TC_D}$ 为非同步借位输出端，P_0、P_1、P_2、P_3 为计数器输入端，MR 为清零端（高电平清零），Q_0、Q_1、Q_2、Q_3 为数据输出端。

其功能表如表 4-9-2 所示。

表 4-9-2　　　　　　　　　　　　74LS192 的功能表

输入								输出			
MR	$\overline{PL}$	CP_U	CP_D	P_3	P_2	P_1	P_0	Q_3	Q_2	Q_1	Q_0
1	×	×	×	×	×	×	×	0	0	0	0
0	0	×	×	d	c	b	a	d	c	b	a
0	1	↑	1	×	×	×	×	加计数			
0	1	1	↑	×	×	×	×	减计数			

4. 计数器的级连使用。

一个十进制计数器只能显示 0～9 十个数，为了扩大计数器范围，常用多个十进制计数器级连使用。同步计数器往往设有进位（或借位）输出端，故可选用其进位（或借位）输出信号来驱动下一级计数器。图 4-9-5 为用 2 片 74LS192 级连使用构成 2 位十进制加法计数器的示意图。

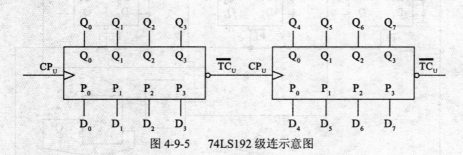

图 4-9-5　74LS192 级连示意图

5. 实现任意进制计数。

（1）用复位法获得任意进制计数器。

假定已有一个 N 进制计数器，而需要得到一个 M 进制计数器时，只要 M<N，用复位法使计数器计数到 M 时置零，即获得 M 进制计数器。如图 4-9-6 所示为一个由 74LS192 十进制计数器接成的 5 进制计数器。

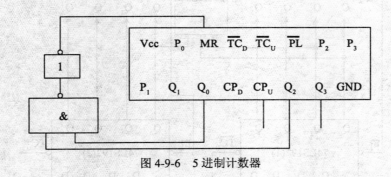

图 4-9-6　5 进制计数器

（2）利用预置功能获得 M 进制计数器。

图 4-9-7 为用三个 74LS192 组成的 421 进制的计数器，注意:此时 MR 都要接低电平。

外加的由与非门构成的锁存器可以克服器件计数速度的离散性，保证在反馈置"0"信号作用下可靠置"0"。

图 4-9-8 是一个特殊的 12 进制的计数器电路方案。在数字钟里，对十位的计时顺序是 1，2，3，…，11，12，即是 12 进制的，且无数 0。如图 4-9-8 所示，当计数到 13 时，通过与非门产生一个复位信号，使 74LS192（第二片的十位）直接置成 0000，而 74LS192（第一片），即时的个位直接置成 0001，从而实现了从 1 开始到 12 的计数。注意此时 MR 都要接低电平。

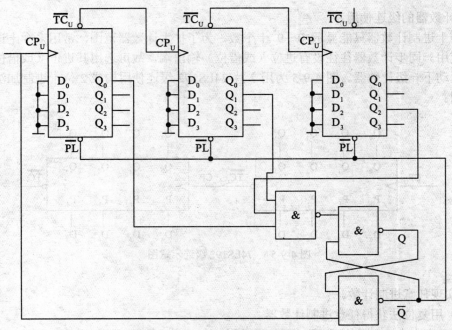

图 4-9-7 421 进制计数器

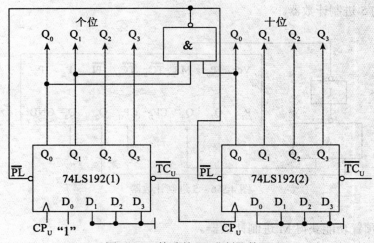

图 4-9-8 特殊的 12 进制计数器

四、实验内容及实验步骤

1. 用 D 触发器构成 3 位二进制异步加法计数器。
(1) 对照芯片引脚图,把两片 74LS74 正确地放置到实验箱上 DIP14 插座中。
(2) 把各芯片的接地与电源引脚分别接到实验箱上的"GND"和"+5V"处。
(3) 按照图 4-9-1 所示连线,组成一个 3 位二进制异步加法计数器。
(4) 将组成的异步加法计数器的 CR 端连接到实验箱上逻辑电平输出单元,CP 端接单次脉冲源，输出端 Q_2、Q_1、Q_0 连接到逻辑电平显示单元，清零端 $\overline{CLR}$ 和置位端 $\overline{PR}$ 接到逻辑电平输出端并置 1。

（5）打开电源，给 CP 端逐个送入单次脉冲，观察并列表记录 $Q_2 \sim Q_0$ 的状态。

（6）将 CP 端改接到 1Hz 的连续脉冲输出点，观察并列表记录 $Q_2 \sim Q_0$ 的状态。

2．用 D 触发器构成 3 位二进制异步减法计数器。

参照图 4-9-2，实验方法及步骤同上，记录实验结果。

3．测试 74LS90 的逻辑功能。

（1）对照附录中芯片引脚图，把 74LS90 正确放置到实验箱上的 DIP14 插座中。

（2）把芯片的第 10 脚接到实验箱的地"GND"，第 5 脚接到电源"+5V"。

（3）把芯片的 MS1、MS2、MR1、MR2 引脚都连接到实验箱上逻辑电平输出单元并置"0"，CLK0 端接到单次脉冲输出点，此时构成以 Q_0 端作为输出的二进制计数器。

（4）打开电源，按"脉冲产生"按钮，观察 Q_0 端的输出结果。

（5）关闭电源，把单次脉冲改为从 CLK1 引脚输入，此时构成以 Q_3、Q_2、Q_1 端作为输出的五进制加法计数器。

（6）打开电源，按"脉冲产生"按钮，记录 Q_3、Q_2、Q_1 端的输出结果。

（7）关闭电源，把芯片上 Q_0 端和 CLK1 端相连，单次脉冲改为从 CLK0 端输入，此时构成以 Q_3、Q_2、Q_1、Q_0 端作为输出的 8421 码十进制计数器。

（8）方法与上相同，验证组成的 8421 码十进制计数器的计数功能。

4．测试 74LS192（或 CD40192）的逻辑功能。

测试方法与 74LS90 的测试方法相似，自行连接电路，验证其逻辑功能。

5．用 74LS192 构成其他进制计数器。

参照图 4-9-6、图 4-9-8 连接电路，用 74LS192 构成一个五进制计数器和十二进制计数器，自行验证其计数功能。

实验十 脉冲分配器及其应用

一、实验目的

熟悉集成时序脉冲分配器的使用方法及其应用。

二、实验器材

1. 数字逻辑电路实验箱。
2. 数字万用表，双踪示波器。
3. 芯片 74LS74、74LS138、74LS04 各一片。

三、实验原理

1. 脉冲分配器。

脉冲分配器的作用是产生多路顺序脉冲信号，它可以由计数器和译码器组成，也可以由环形计数器构成，图 4-10-1 中 CP 端上的系列脉冲经 N 位二进制计数器和相应的译码器，可以转变为 2^N 路顺序输出脉冲。

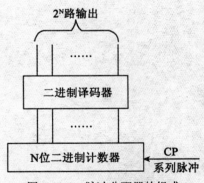

图 4-10-1 脉冲分配器的组成

2. 74ls74 与 74ls138 组成 8 路脉冲分配器。

由 74ls74 中的两个 D 触发器构成一个二进制的计数器，输出端 Q_0,Q_1 再输入到 3-8 译码器中，译码输出八路脉冲信号。如图 4-10-2 所示。

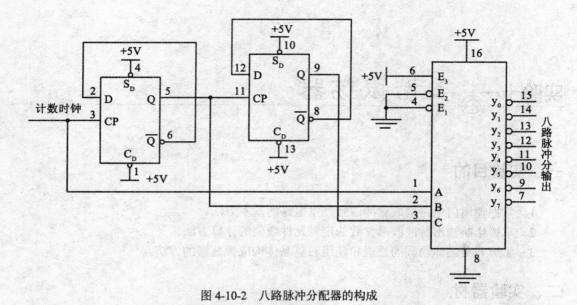

图 4-10-2　八路脉冲分配器的构成

四、实验内容及实验步骤

八路脉冲分配器

（1）根据附录中芯片引脚图，将一片 74LS74 和一片 74LS138 正确地放置到实验箱上相应的插座中。

（2）将两芯片的接地与电源引脚分别接到实验箱上的"GND"和"+5V"处。

（3）将"计数时钟"接信号源上 1Hz 脉冲信号，"清零"端接高电平，把 74LS138 的 $y_0 \sim y_7$ 连接到实验箱上的逻辑电平显示单元。

（4）打开电源，验证电路脉冲分配功能，并根据实验结果写出其功能表。

注：实验中各输出脚输出的为负脉冲，如果要得到正脉冲，可以在各输出端接非门转化为正脉冲。

实验十一 多谐振荡器

一、实验目的

1. 掌握使用门电路构成脉冲信号产生电路的基本方法。
2. 掌握影响输出脉冲波形参数的定时元件数值的计算方法。
3. 了解石英晶体稳频的原理和使用石英晶体构成振荡器的方法。

二、实验器材

1. 数字逻辑电路实验箱。
2. 双踪示波器,频率计,数字万用表,脉冲源。
3. 芯片 74LS00、74LS04 各一个,晶振 4MHz 一个。
4. 470Ω 电阻一个,1kΩ 电阻两个,0.01μF、100μF、0.1μF 电容各一个,5600pF 电容两个。

三、实验原理

多谐振荡器是一种自激振荡电路,该电路在接通电源后无需外接触发信号就能产生一定频率和幅值的矩形脉冲或方波。由于多谐振荡器在工作过程中不存在稳定状态,故又称为无稳态电路。与非门作为一个开关倒相器件,可用以构成各种脉冲波形的产生电路。电路的基本工作原理是利用电容的充放电,当输入电压达到与非门的阀值电压 U_T 时,门的输出状态即发生变化。因此,电路输出的脉冲波形参数直接取决于电路中阻容元件的数值。

1. 非对称型多谐振荡器。

如图 4-11-1 所示,非门 G_3 用于输出波形整形。

非对称型多谐振荡器的输出波形是不对称的,我们用 t_{w1}、t_{w2}、T 分别表示充电时间、放电时间、脉冲周期。当用 TTL 与非门组成时,它们为:$t_{w1}=RC$,$t_{w2}=1.2RC$,$T=2.2RC$。

调节 R 与 C 的值,可改变输出信号的振荡频率,通常用改变 C 实现输出频率的粗调,改变电位器 R 实现输出频率的细调。

2. 对称型多谐振荡器。

如图 4-11-2 所示,设刚开始 t=0 时接通电源,电容尚未充电,此时电路的状态为第一暂稳态。随着时间的增长,电容不断充电,U_A 不断增大,直到阀值电压 U_T 时,电路发生如图 4-11-3 所示的正反馈过程。

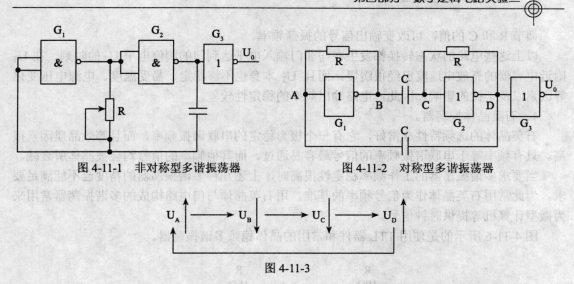

图 4-11-1　非对称型多谐振荡器　　　图 4-11-2　对称型多谐振荡器

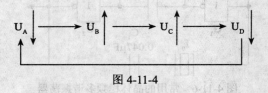

图 4-11-3

而后，电容充满电后开始放电，电路又发生如图 4-11-4 所示的正反馈过程。

图 4-11-4

其中，当 G_1 截止 G_2 导通的瞬间，电路为第二暂稳态。如此，电路将不停地在两个暂稳态之间往复振荡。

由于电路完全对称，电容器的充放电时间常数相同，故输出为对称的方波。改变 R 和 C 的值，可改变输出信号的振荡频率。如输出端加一非门，可实现输出波形整形。

一般取 $R \leqslant 1k\Omega$，当 $R=1k\Omega$，C 为 $100pF \sim 100\mu F$ 时，f 为 nHz~nMHz，脉冲宽度 $t_{w1}=t_{w2}=0.7RC$，$T=1.4RC$。

3. 带 RC 电路的环形振荡器。

电路如图 4-11-5 所示。其中 G_4 用于整形，以改善输出波形，R 为限流电阻，一般取 100Ω，电位器 R_w 要求不大于 $1k\Omega$。电路利用电容 C 充放电过程，控制 D 点电压 U_D，从而控制与非门的自动启闭，形成多谐振荡，电容 C 的充电时间 t_{w1}、放电时间 t_{w2} 和总的振荡周期 T 分别为：$t_{w1} \approx 0.94RC$，$t_{w2} \approx 1.26RC$，$T \approx 2.2RC$。

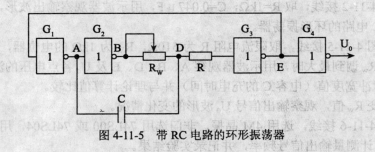

图 4-11-5　带 RC 电路的环形振荡器

调节 R 和 C 的值，可改变输出信号的振荡频率。

以上这些电路的状态转换都发生在与非门输入电平达到门的阀值电平 U_T 的时刻。在 U_T 附近电容器的充放电速度已经很缓慢，而且 U_T 本身也不够稳定，易受温度、电源电压变化等因素以及干扰的影响。因此，电路输出频率的稳定性较差。

4．石英晶体振荡器。

石英晶体的选频特性非常好，它有一个极为稳定的串联谐振频率，而且等效品质因素很高。只有频率等于串联谐振频率的信号最容易通过，而其他频率的信号均会被晶体所衰减。当要求多谐振荡器的工作频率稳定性很高时，上述几种多谐振荡器的精度已不能满足要求。为此常用石英晶体作为信号频率的基准。用石英晶体与门电路构成的多谐振荡器常用来为微型计算机等提供时钟信号。

图 4-11-6 所示的是使用 TTL 器件和常用的晶体稳频多谐振荡器。

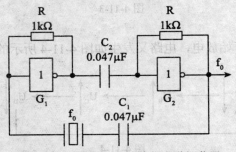

图 4-11-6　常用的晶体稳频多谐振荡器

四、实验内容及实验步骤

1．非对称型多谐振荡器。

（1）按图 4-11-1 连线，构成多谐振荡器，其中电阻 R 取 10kΩ 的电位器，电容 C 取 0.01μF。

（2）用示波器观察 U_o 点的输出波形及电容 C 两端的电压波形。

（3）调节电位器 R 的阻值，观察输出 U_o 波形的变化，测量输出的上、下限频率。

（4）用一只 100μF 电容器跨接在 74LS00 的第 14 脚与第 7 脚的最近处，观察输出波形的变化情况及电源上纹波信号的变化情况。

2．按图 4-11-2 接线，取 R=1kΩ，C=0.047μF，用示波器观察输出波形，记录实验结果。

3．带 RC 电路的环形振荡器。

（1）按图 4-11-5 接线，取限流电阻 R 为 510Ω，R_W 为 1kΩ 的电位器，C=0.1μF。

（2）将 R_W 调到最大时，用示波器观察 A、B、D、E 及 U_o 各点电压的波形，测量 U_o 的周期 T 和负脉冲宽度值（电容 C 的充电时间）并与理论计算值比较。

（3）改变 R_W 值，观察输出信号 U_o 波形的变化情况。

4．按图 4-11-6 接线，选用 4M 晶振，非门选用 74LS00 或 74LS04，用示波器观测输出波形，用频率计测量输出信号频率，并记录实验结果。

实验十二 555 定时器及其应用

一、实验目的

1. 熟悉 555 型集成时基电路的电路结构、工作原理及其特点。
2. 掌握 555 型集成时基电路的基本应用。

二、实验器材

1. 数字逻辑电路实验箱。
2. 数字万用表，双踪示波器，频率计。
3. 芯片 NE555。
4. 二极管 1N4148 两个，10kΩ、20kΩ、47kΩ、4.7kΩ（两个）、51kΩ（两个）、100kΩ 电阻，0.01μF（两个）、0.047μF、0.1μF 独石电容各一个，47μF、10μF、4.7μF 铝电解电容各一个，100kΩ 电位器一个。

三、实验原理

555 集成时基电路称为集成定时器，是一种数字、模拟混合型的中规模集成电路，其应用十分广泛。该电路使用灵活、方便，只需外接少量的阻容元件就可以构成单稳、多谐和施密特触发器，因而广泛用于信号的产生、变换、控制与检测。它的内部电压标准使用了三个 5kΩ 的电阻，故取名 555 电路。其电路类型有双极型和 CMOS 型两大类，两者的工作原理和结构相似。几乎所有的双极型产品型号最后的三位数码都是 555 或 556，所有的 CMOS 产品型号最后四位数码都是 7555 或 7556，两者的逻辑功能和引脚排列完全相同，易于互换。555 和 7555 是单定时器，556 和 7556 是双定时器。双极型的电压是+5～+15V，最大负载电流可达 200mA，CMOS 型的电源电压是+3～+18V，最大负载电流在 4mA 以下。

1. 555 电路的工作原理。

555 电路的内部电路方框图如图 4-12-1 所示。它含有两个电压比较器，一个基本 RS 触发器，一个放电开关 Td，比较器的参考电压由三只 5kΩ 的电阻器构成分压，它们分别使低电平比较器 U_{r1} 同相输入端和高电平比较器 U_{r2} 的反相输入端的参考电平为 $\frac{2}{3}U_{CC}$ 和 $\frac{1}{3}U_{CC}$。

U_{r1} 和 U_{r2} 的输出端控制 RS 触发器状态和放电管开关状态。当输入信号输入并超过 $\frac{2}{3}U_{CC}$ 时，触发器复位，555 的输出端 3 脚输出低电平，同时放电，开关管导通；当输入信号自 2 脚输入并低于 $\frac{1}{3}U_{CC}$ 时，触发器置位，555 的 3 脚输出高电平，同时充电，开关管截止。

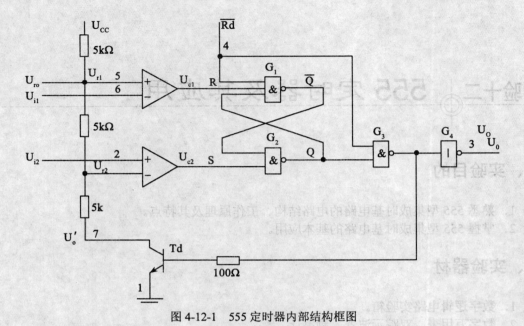

图 4-12-1　555 定时器内部结构框图

$\overline{R}_D$ 是异步置零端，当其为 0 时，555 输出低电平。平时该端开路或接 U_{CC}。U_{ro} 是控制电压端（5 脚），平时输出 $\frac{2}{3}U_{CC}$ 作为比较器 U_{r1} 的参考电平，当 5 脚外接一个输入电压，即改变了比较器的参考电平，从而实现对输出的另一种控制，在不接外加电压时，通常接一个 0.01μF 的电容器到地，起滤波作用，以消除外来的干扰，以确保参考电平的稳定。Td 为放电管，当 Td 导通时，将给接于 7 脚的电容器提供低阻放电电路。

2．555 定时器的典型应用。

（1）构成单稳态触发器（如图 4-12-2 所示）。

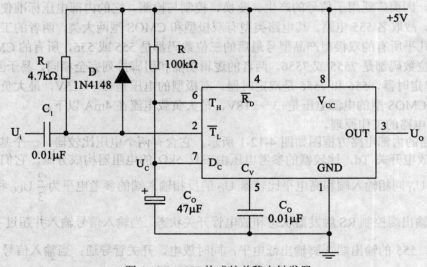

图 4-12-2　555 构成的单稳态触发器

图 4-12-2 为由 555 定时器和外接定时元件 R、C 构成的单稳态触发器。D 为钳位二极管，稳态时 555 电路输入端处于电源电平，内部放电开关管 T 导通，输出端 U_o 输出低电平，当有一个外部负脉冲触发信号加到 U_i 端。并使 2 端电位瞬时低于 $\frac{1}{3}U_{CC}$，单稳态电路即开始一个稳态过程，电容 C 开始充电，U_c 按指数规律增长。当 U_c 充电到 $\frac{2}{3}U_{CC}$ 时，输出 U_o 从高电平返回低电平，放电开关管 T_d 重新导通，电容 C 上的电荷很快经放电开关管放电，暂态结束，恢复稳定，为下个触发脉冲的来到做好准备。波形图如图 4-12-3 所示。

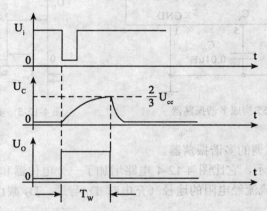

图 4-12-3 单稳态触发器波形图

暂稳态的持续时间 T_w（即为延时时间）决定于外接元件 R、C 的大小，即 $T_w=1.1RC$。

通过改变 R、C 的大小，可使延时时间在几个微秒和几十分钟之间变化。当这种单稳态电路作为计时器时，可直接驱动小型继电器，并可采用复位端接地的方法来终止暂态，重新计时。

（2）构成多谐振荡器。

如图 4-12-4 所示，由 555 定时器和外接元件 R_1、R_2、C 构成多谐振荡器，脚 2 与脚 6 直接相连。电路没有稳态，仅存在两个暂稳态，电路亦不需要外接触发信号，利用电源通过 R_1、R_2 向 C 充电，以及 C 通过 R_2 向放电端 D_C 放电，使电路产生振荡。电容 C 在 $\frac{2}{3}U_{CC}$ 和 $\frac{1}{3}U_{CC}$ 之间充电和放电，从而在输出端得到一系列的矩形波，对应的波形如图 4-12-5 所示。

输出信号的时间参数是：
$T=t_{w1}+t_{w2}$
$t_{w1}=0.7（R_1+R_2）C$
$t_{w2}=0.7R_2C$

其中，t_{w1} 为 U_c 由 $\frac{1}{3}U_{CC}$ 上升到 $\frac{2}{3}U_{CC}$ 所需的时间，t_{w2} 为电容 C 放电所需的时间。

555 电路要求 R_1 与 R_2 均应不小于 1kΩ，但两者之和应不大于 3.3MΩ。

外部元件的稳定性决定了多谐振荡器的稳定性，555 定时器配以少量的元件即可获得较高精度的振荡频率和具有较强的功率输出能力。因此，这种形式的多谐振荡器应用很广。

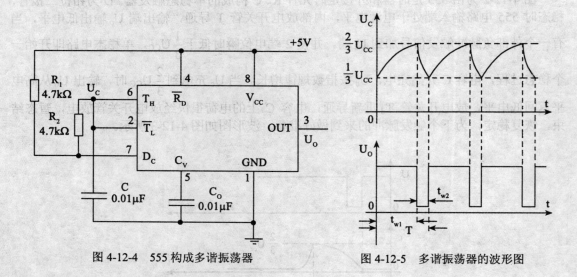

图 4-12-4　555 构成多谐振荡器

图 4-12-5　多谐振荡器的波形图

（3）组成占空比可调的多谐振荡器。

电路如图 4-12-6 所示，它比图 4-12-4 电路增加了一个电位器和两个二极管。D_1、D_2 用来决定电容充、放电电流流经电阻的途径（充电时 D_1 导通，D_2 截止；放电时 D_2 导通，D_1 截止）。

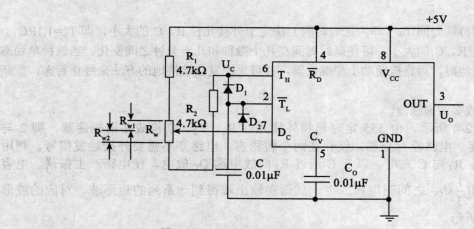

图 4-12-6　555 构成占空比可调的多谐振荡器

占空比

$$q = \frac{t_{w1}}{t_{w1}+t_{w2}} = \frac{0.7(R_1+R_{w1})}{0.7(R_1+R_2+R_w)}$$

（4）组成占空比连续可调并能调节振荡频率的多谐振荡器。如图 4-12-7 所示。

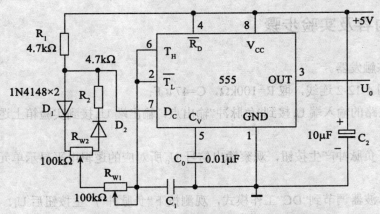

图 4-12-7 555 构成占空比、频率均可调的多谐振荡器

对 C_1 充电时，充电电流通过 R_1、D_1、R_{W2} 和 R_{W1}，放电时通过 R_{W1}、R_{W2}、D_2、R_2。当 $R_1=R_2$，R_{W2} 调至中心点时，因为充放电时间基本相等，其占空比约为 50%，此时调节 R_{W1} 仅改变频率，占空比不变。如 R_{W2} 调至偏离中心点，再调节 R_{W1}，不仅振荡频率改变，而且对占空比也有影响。R_{W1} 不变，调节 R_{W2}，仅改变占空比，对频率无影响。因此，当接通电源后，应首先调节 R_{W1} 使频率至规定值，再调节 R_{W2}，以获得需要的占空比。

（5）组成施密特触发器。

电路如图 4-12-8 所示，只要将 2 脚和 6 脚连在一起作为信号输入端，即得到施密特触发器。图 4-12-9 画出了 U_S、U_i 和 U_o 的波形图。

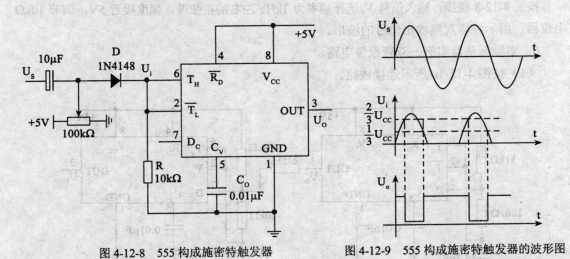

图 4-12-8 555 构成施密特触发器　　　　图 4-12-9 555 构成施密特触发器的波形图

设被整形变换的电压为正弦波 U_S，其正半波通过二极管 D 同时加到 555 定时器的 2 脚和 6 脚，得到的 U_i 为半波整流波形。当 U_i 上升到 $\frac{2}{3}U_{CC}$ 时，U_o 从高电平转换为低电平；当 U_i 下降到 $\frac{1}{3}U_{CC}$ 时，U_o 又从低电平转换为高电平。

四、实验内容及实验步骤

1. 单稳态触发器。

（1）按图 4-12-2 连线，取 R=100kΩ，C=47μF；

（2）把电路的输入端 U_i 接到"负脉冲"输出点，输出端 U_o 接到实验箱上逻辑电平显示单元；

（3）按下负脉冲产生按钮，观察输出信号 U_o 所对应的逻辑电平显示单元上指示灯的变化情况；

（4）把示波器调节到"DC"工作模式，观测按下"负脉冲"产生按钮后 U_i、U_c、U_o 的变化情况，测定各信号的幅度与输出暂稳态的时间。

（5）将 R 改为 1kΩ，C 改为 0.1μF，输入信号改为 1kHz 的连续脉冲，观测 U_i、U_c、U_o 波形。测定各信号的幅度与输出暂稳态的时间。

2. 按图 4-12-4 接线，用双踪示波器观测点 U_c 与 U_o 信号的波形，并测定频率。

3. 按图 4-12-6 接线，R_W 选用 10kΩ 电位器，用示波器观测信号 U_c、U_o 的波形，并记录波形的参数。

4. 按图 4-12-7 接线，C_1 选用 0.1μF，用示波器观测输出波形，调节 R_{W1} 和 R_{W2} 观察输出波形变化情况。

5. 施密特触发器。

按图 4-12-8 接线，输入信号 V_i 选择频率为 1kHz 左右的正弦波，幅度接近 5V，调节 10kΩ 电位器，用示波器观测输出信号的波形。

6. 多频振荡器实例——双音报警电路。

（1）按图 4-12-10 所示连接线路。

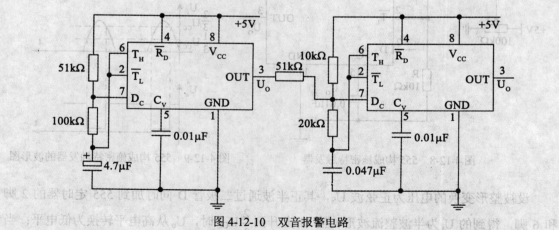

图 4-12-10 双音报警电路

（2）分析它的工作原理及报警声特点。

练习：① 将图 4-12-10 中右边 555 芯片的第 3 脚接到实验箱上的音频输入插孔，试听输出的报警声，并记录各输出点的波形。

② 若将前一级 555 芯片的低频信号输出连接到后一级的控制电压端 5，报警声将会如何变化？自行改接电路，观察实验结果。

实验十三 D/A 转换实验

一、实验目的

1. 了解 D/A 转换器的基本工作原理和基本电路。
2. 掌握大规模集成 D/A 转换器的功能及其应用。

二、实验器材

1. 双踪示波器
2. 数字万用电压表
3. 数字逻辑电路实验箱 A/D、D/A 模块
4. 拨动开关输出

三、实验原理

本实验采用人规模集成电路 DAC0832 实现 D/A 转换，可以在实验箱的 PC 机座上及来完成转换过程。

1. D/A 转换器 DAC0832。

DAC0832 是采用 CMOS 正艺制成的单片电流输出型 8 位数/模转换器。器件的核心部分采用了倒梯形网络的 8 位 D/A 转换器，由权电阻 R 和 2R 电阻网络、模拟开关、基准电压等组成。电压 U(out) 的最终输出表达式：

$$U_{out} = \frac{U_{REF} \cdot R_{fb}}{2^8 R}(D_7 \cdot 2^7 + D_6 \cdot 2^6 + \cdots + D_0 \cdot 2^0) \tag{13-1}$$

由式（13-1）可见，输出电压 U_0 与输入的数字量及基准电压成正比。这就实现了从数字量到模拟量的转换。数字量通过 PC 机和手动两种方式来输入。

一个 8 位的 D/A 转换器，它有 8 个输入端，每个输入端是 8 位二进制数的一位，有一个模拟输出端，输入可有 $2^8=256$ 个不同的二进制组态，输出为 256 个不同的电压值（注：一般为负电压）输出。

图 4-13-1 所示为 DAC0832 的引脚图。

实验十三 D/A 转换实验

一、实验目的

1. 了解 D/A 转换器的基本工作原理和基本结构。
2. 掌握大规模集成 D/A 转换器的功能及其典型应用。

二、实验器材

1. 双踪示波器。
2. 数字逻辑电路实验箱。
3. 数字逻辑电路实验箱 A/D、D/A 模块。
4. 数字万用表。

三、实验原理

本实验将采用大规模集成电路 DAC0832 实现 D/A 转换，通过手动实验和 PC 机两种方式来实现转换过程。

1. D/A 转换器 DAC0832。

DAC0832 是采用 CMOS 工艺制成的单片电流输出型 8 位数/模转换器。器件的核心部分采用倒 T 型电阻网络的 8 位 D/A 转换器，由倒 T 型 R-2R 电阻网络、模拟开关、运算放大器和参考电压 U_{REF} 四部分组成。运算的输出电压为：

$$U_0 = -\frac{U_{REF}R_F}{2^n R}(D_{n-1} \cdot 2^{n-1} + D_{n-2} \cdot 2^{n-2} + \cdots + D_0 \cdot 2^0) \tag{13-1}$$

由式（13-1）可见，输出电压 U_0 与输入的数字量成正比，这就实现了从数字量向模拟量的转换，数字量通过 PC 机和手动两种方式来输入。

一个 8 位的 D/A 转换器，它有 8 个输入端，每个输入端是 8 位二进制数的一位，有一个模拟输出端，输入可有 $2^8=256$ 个不同的二进制组态，对应也有 256 个不同模拟量（在一定范围内）输出。

图 4-13-1 所示为 DAC0832 的引脚图。

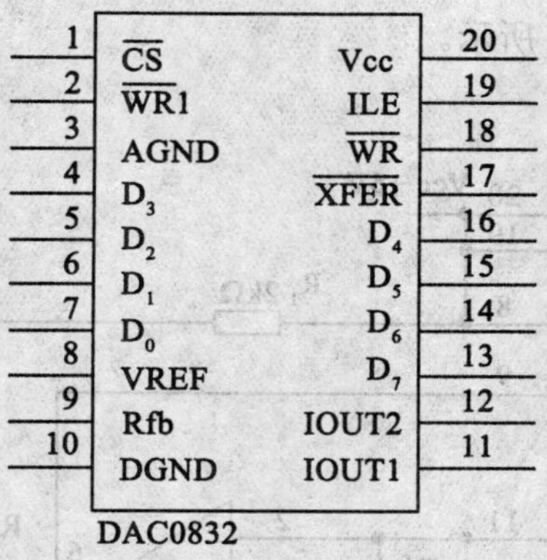

图 4-13-1 DAC0832 引脚图

D_0-D_7：数字信号输入端，我们通过 PC 机用软件来发送数字信号或者用拨位开关来输入数字量。

ILE：输入寄存器允许，高电平有效。

CS：片选信号，低电平有效。

WR1：写信号 1，低电平有效。

XFER：传送控制信号，低电平有效。

WR2：写信号 2，低电平有效。

IOUT1，IOUT2：DAC 电流输出端。

Rfb：反馈电阻，是集成在片内的外接运放的反馈电阻。

要注意的一点是：DAC0832 的输出是电流，要转换为电压，还必须经过一个外接的运放，为了要求 D/A 转换器输出为双极性，我们用两个运放来实现，实验线路如图 4-13-2 所示。

2. 原理框图如图 4-13-2 所示。

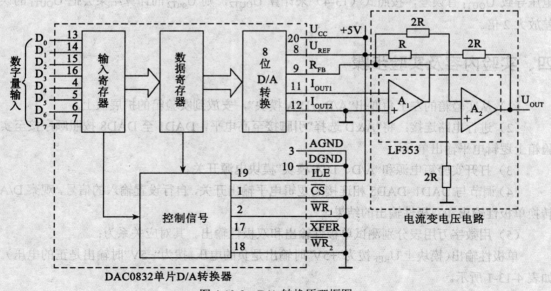

图 4-13-2 D/A 转换原理框图

3. 实验原理图如图 4-13-3 所示。

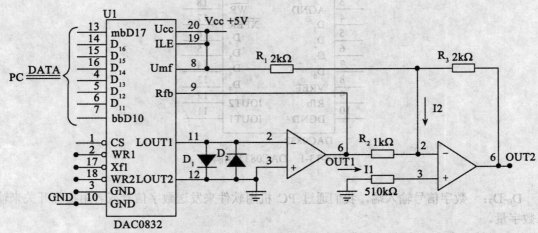

图 4-13-3 D/A 转换实验线路

上图所示单极性输出电压为：

$$U_{OUT1} = -U_{REF} (数字码/256) \quad (13-2)$$

双极性输出电压为：

$$U_{OUT2} = -((R_3/R_2)U_{OUT1} + (R_3/R_1)U_{REF}) \quad (13-3)$$

化简得：

$$U_{OUT2} = \frac{数字码 - 128}{128} \times U_{REF} \quad (13-4)$$

此处建议最好用式（13-3）来计算 U_{OUT2} 的理论值，因为 0832 的转换误差和运放的失调电压导致 U_{OUT1} 有误差，按照式（13-4）来计算 U_{OUT2}，则 U_{OUT2} 的计算结果会把 U_{OUT1} 的误差放大 2 倍。

四、实验内容及实验步骤

（1）从实验箱的左上角取出"A/D、D/A 模块"，安放到实验箱的扩展板上。

（2）进行电路连接：将"A&D 选择"引脚接至高电平，DAD1 至 DAD8 按照顺序接至实验箱上逻辑电平输出单元。

（3）打开实验箱电源和"A/D、D/A 模块"模块电源开关。

（4）调节与 DAD1~DAD8 相连接的逻辑电平输出开关，自行设置输入的信号，观察 D/A 转换单极性输出和双极性输出的结果。

（5）用数字万用表分别测试单极性输出和双极性输出。其对应关系为：

单极性输出（模块上 U_{REF} 拨为"+5V"时输出是负的电压，拨为"-5V"时输出是正的电压）。如表 4-13-1 所示。

表 4-13-1

输入数字量（DI0 为低位）								单极性模拟量输出
1	1	1	1	1	1	1	1	(−255/256)*V
1	0	0	0	0	0	0	0	(−128/256)*V
0	1	1	1	1	1	1	1	(−127/256)*V
0	0	0	0	0	0	0	0	(−0/256)*V

双极性输出（U_{REF} 拨为"+5V"和"−5V"时的电压输出刚好相反）。U_{OUT2}=（数字码−128）/128·V，如表 4-13-2 所示。

表 4-13-2

输入数字量（DI0 为低位）								$+U_{REF}$	$-U_{REF}$
1	1	1	1	1	1	1	1	U_{REF}−1LSB	$-U_{REF}$+1LSB
1	1	0	0	0	0	0	0	U_{REF}/2	$-U_{REF}$/2
1	0	0	0	0	0	0	0	0	0
0	1	1	1	1	1	1	1	−1LSB	+1LSB
0	0	1	1	1	1	1	1	$|U_{REF}|$/2−1LSB	$|U_{REF}|$/2+1LSB
0	0	0	0	0	0	0	0	$-U_{REF}$	$-+U_{REF}$

其中 U_{REF} 为参考电压，电压+5V 和−5V 可选，由于存在误差，因此所测得的电压值也存在一定的误差。

（6）将做实验的结果填在表 4-13-3 中。

表 4-13-3

输入数字量								单极性输出		双极性输出	
DAD9	DAD8	DAD7	DAD6	DAD5	DAD4	DAD3	DAD2	+5V	−5V	+5V	−5V
0	0	0	0	0	0	0	0				
0	0	0	0	0	0	0	1				
0	0	0	0	0	0	1	0				
0	0	0	0	0	1	0	0				
0	0	0	0	1	0	0	0				
0	0	0	1	0	0	0	0				
0	0	1	0	0	0	0	0				
0	1	0	0	0	0	0	0				
1	0	0	0	0	0	0	0				
1	1	1	1	1	1	1	1				

实验十四 A/D 转换实验

一、实验目的

1. 了解 A/D 转换器的基本工作原理和基本结构。
2. 掌握大规模集成 A/D 转换器的功能及其典型应用。

二、实验器材

1. 双踪示波器。
2. 数字逻辑电路实验箱。
3. 数字逻辑电路实验箱 A/D、D/A 模块。
4. 信号源（可以使用实验箱中所带信号源）。
5. 数字万用表。

三、实验原理

1. 关于 A/D 转换。

A/D 转换是把模拟量信号转换为与其大小成正比的数字量信号。A/D 转换的种类很多，根据转换原理可以分为逐次逼近式和双积分式。完成这种转换的线路有很多种，特别是大规模集成电路 A/D 转换器的问世，为实现上述转换提供了极大的方便。使用者可以借助手册提供的器件性能指标和典型应用电路，即可正确使用这些器件。

逐次逼近式转换的基本原理是用一个计量单位使连续量整量化（简称量化），即用计量单位与连续量作比较，把连续量变为计量单位的整数倍，略去小于计量单位的连续量部分，这样得到的整数量即数字量。显然，计量单位越小，量化的误差就越小。

实验中用到的 A/D 转换器是 8 路模拟输入 8 路数字输出的逐次逼近式 A/D 转换器件，转换时间约为 100 微秒。

转换时间与分辨率是 A/D 转换器的两个主要技术指标。A/D 转换器完成一次转换所需要的时间即为转换时间，显然它反映了 A/D 转换的快慢。分辨率指最小的量化单位，这与 A/D 转换的位数有关，位数越多，分辨率越高。

2. A/D 转换器 ADC0809。

ADC0809 是采用 CMOS 工艺制成的单片 8 位 8 通道逐次渐近型模/数转换器，其引脚排列如图 4-14-1 所示。

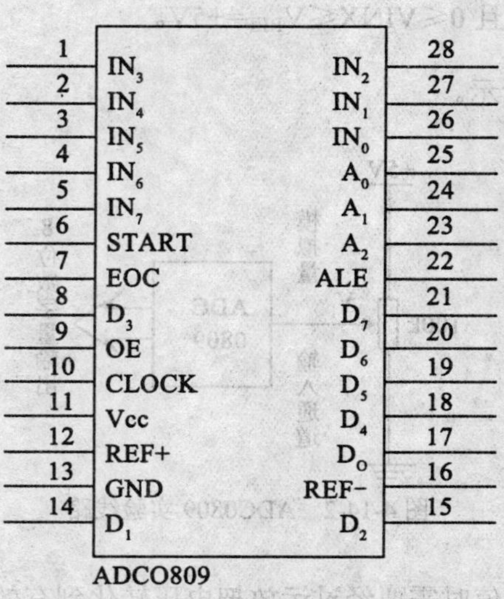

第四部分 数字逻辑电路实验二

图 4-14-1 ADC0809 引脚图

IN0~IN7：8 路模拟信号输入端。

A_2、A_1、A_0：地址输入端。

ALE：地址锁存允许输入信号，在此脚施加正脉冲，上升沿有效，此时锁存地址码，从而选通相应的模拟信号通道，以便进行 A/D 转换。

START：启动信号输入端，应在此脚施加正脉冲，当上升沿到达时，内部逐次逼近寄存器复位，在下降沿到达后，开始 A/D 转换过程。

EOC：输入允许信号，高电平有效。

CLOCK（CP）：时钟信号输入端，外接时钟频率一般为 640kHz。

8 路模拟开关由 A_2、A_1、A_0 三地址输入端选通 8 路模拟信号中的任何一路进行 A/D 转换，地址译码与模拟输入通道的选通关系如表 4-14-1 所示。

表 4-14-1 通道地址表

A_2	A_1	A_0	选中的通道
0	0	0	CH01
0	0	1	CH02
0	1	0	CH03
0	1	1	CH04
1	0	0	CH05
1	0	1	CH06
1	1	0	CH07
1	1	1	CH08

一旦选通道 X（0~7 通道之一），其转换关系为：

数字码 = $V_{INX} \times \dfrac{256}{V_{REF}}$，且 $0 \leqslant VINX \leqslant V_{REF} = +5V$。

实验电路如图 4-14-2 所示。

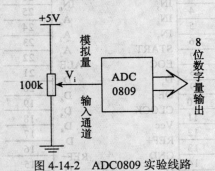

图 4-14-2　ADC0809 实验线路

注意：若输入有负极性值时需要经过运放把电压转化到有效正电压范围内。

四、实验内容及实验步骤

（1）从实验箱的左上角取出"A/D、D/A 模块"，安放到实验箱的扩展板上；

（2）实验箱中"A/D&D/A 扩展模块上引脚对照图"，进行电路连接：

将"A&D 选择"引脚接至低电平，A/D 转换所需要的时钟接信号源上的 500kHz 方波信号，即"CLOCK"接 500kHz 方波输出点，"OUTSTART"和"OUTALE"均接单次脉冲源的正脉冲信号。"通道选择 A_0，通道选择 A_1，通道选择 A_2"接逻辑电平输出单元，并都拨成低电平，此时就选择了"通道 CH01"，所以转换所用的模拟量就应该从通道 CH01 输入；

（3）按图 4-14-2，通过 100kΩ 电位器提供 A/D 转换的电压模拟量 V_i，把 V_i 从 CH01 输入；

（4）打开实验箱及扩展模块电源开关，用万用表测量输入的电压值 V_i，调节电位器，使 $V_i = 4.5V$；

（5）按下单次脉冲源按钮 S201，启动 A/D 转换，记录扩展模块上发光二极管对应的 8 位数字量输出的二进制数；

（6）用同样的方法测试直流电压 4V、3.5V、3V、2.5V、2V、1.5V、1V 的转换结果，自行设计表格，记下实验结果。

（指示灯 LED901 到 LED908 指示转化后二进制数的高位到低位）

实验十五　多功能数字钟的设计

一、实验目的

1. 掌握常见进制计数器的设计。
2. 掌握秒脉冲信号的产生方法。
3. 复习并掌握译码显示的原理。
4. 熟悉整个数字钟的工作原理。

二、实验器材

1. 双踪示波器，电压源。
2. 万用表等实验室常备工具。

103 电容　1 个

1MΩ 电阻　2 个

220Ω 电阻　1 个

5.1kΩ 电阻　3 个

100Ω 电阻　3 个

发光二极管　1 个

按钮　3 个

74HC08 与门　2 片

74HC32 或门　1 片

74HC90 编码器　6 片

4511 译码器　6 片

数码管　6 个

74HC04 反相器　1 片

4060 分频器　1 片

4013 双 D 触发器　1 片

32768Hz 晶振　1 个

7805 稳压电源　1 个

100μF 电容　1 个

三、实验原理

本实验要实现的数字钟的功能是：
① 准确计时，以数字形式显示时、分、秒的时间；
② 小时计时的要求为"12 翻 1"，分与秒的计时要求为 60 进制；
③ 具有校时功能。

数字钟一般由晶振、分频器、计时器、译码器、显示器和校时电路等组成，其原理框图如图 4-15-1 所示。

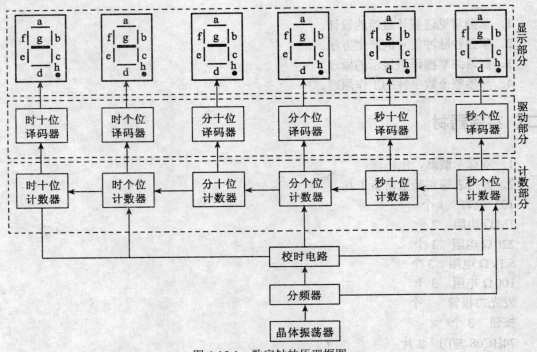

图 4-15-1 数字钟的原理框图

该电路的工作原理为：

由晶振产生稳定的高频脉冲信号，作为数字钟的时间基准，再经分频器输出标准秒脉冲。秒计数器计满 60 后向分计数器进位，分计数器计满 60 后向小时计数器进位，小时计数器按照"12 翻 1"的规律计数，到 12 小时计数器计满后，系统自动复位重新开始计数。计数器的输出经译码电路后送到显示器显示。计时出现误差时可以用校时电路进行校时。

1. 晶体振荡器。

晶体振荡器是数字钟的核心。振荡器的稳定度和频率的精确度决定了数字钟计时的准确程度，通常采用石英晶体构成振荡器电路。一般说来，振荡器的频率越高，计时的精度也就越高。在此实验中，采用的是信号源单元提供的 1Hz 秒脉冲，它同样是采用晶体分频得到的。

2. 分频器。

因为石英晶体的频率很高，要得到秒脉冲信号需要用到分频电路。由晶振得到的频率经过分频器分频后,得到 1Hz 的秒脉冲信号。数字钟的晶体振荡器输出频率较高,为了得到 1Hz 的秒信号输入,需要对振荡器的输出信号进行分频。利用 4060 作为 14 级分频器,可以将 32768Hz 的信号分频为 2Hz,所以为了得到 1Hz 的频率需要 4013 做第 15 次分频。

3. 校时电路。

在实验实现过程中使用的是通过开关来实现高低电平的切换,手动赋予需要的高低电平来实现脉冲的供给,将脉冲提供到所需要的输入端口,实现校时。实际电路连接的时候,利用开关来实现校时。

4. 计数电路。

时间计数电路由秒个位和秒十位计数器,分个位和分十位计数器及时个位和时十位计数器电路构成,其中秒个位和秒十位计数器,分个位和分十位计数器为 60 进制计数器,而根据设计要求,时个位和时十位计数器为 24 进制计数器。

秒个位计数单元为 10 进制计数器,无需进制转换,只需将 Q_A 与 CP_B(下降沿有效)相连即可。CP_A(下降无效)与 1Hz 秒输入信号相连,Q_D 可作为向上的进位信号与十位计数单元的 CP_A 相连。

秒十位计数单元为 6 进制计数器,需要进制转换。将 10 进制计数器转换为 6 进制计数器的电路连接方法如图 4-15-2,其中 Q_B、Q_C 可作为向上的进位信号与分个位的计数单元的 CP_A 通过门电路相连。

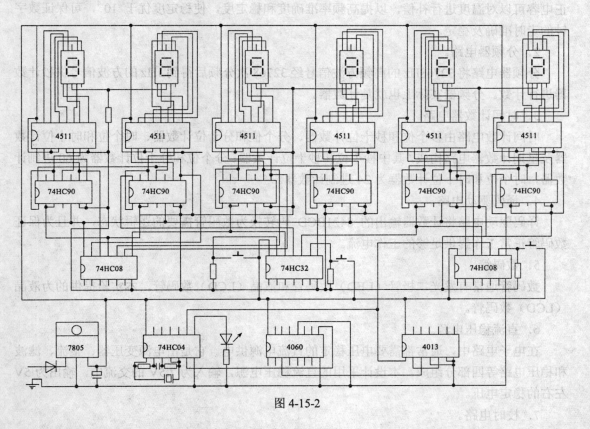

图 4-15-2

分个位和分十位计数单元电路结构分别与秒个位和秒十位计数单元完全相同,分十位计数单元的Q_B、Q_C作为向上的进位信号应与时个位计数单元的CPA相连。

时个位计数单元电路结构仍与秒或个位计数单元相同，但是，整个时计数单元应为24进制计数器，因此需将个位和十位计数单元合并为一个整体才能进行24进制转换。利用74HC08和74HC32实现24进制计数功能转换。

5．译码驱动电路。

译码驱动电路将计数器输出的8421BCD码转换为数码管需要的逻辑状态，并且为保证数码管正常工作提供足够的工作电流。

计数器实现了对时间的累计以8421BCD码形式输出，选用显示译码电路将计数器的输出数码转换为数码显示器件所需要的输出逻辑和一定的电流，选用4511作为显示译码电路，选用LED数码管作为显示单元电路。

四、实验内容及实验步骤

按照图4-15-2接好电路，实现以下几个步骤即可：

1．晶体振荡器电路。

晶体振荡器电路给数字钟提供一个频率稳定准确的32768Hz的方波信号，此外还有一校正电容可以对温度进行补偿，以提高频率准确度和稳定度，使稳定度优于10^{-4}，可保证数字钟的走时准确及稳定。

2．分频器电路。

分频器电路将32768Hz的高频方波信号经32768次分频后得到1Hz的方波信号供秒计数器进行计数。分频器实际上也就是计数器。

3．时间计数器电路。

时间计数电路由秒个位和秒十位计数器、分个位和分十位计数器、时个位和时十位计数器及星期计数器电路构成，其中秒个位和秒十位计数器、分个位和分十位计数器为60进制计数器，时个位和时十位计数器为24进制计数器。

4．译码驱动电路。

译码驱动电路将计数器输出的8421BCD码转换为数码管需要的逻辑状态，并且为保证数码管正常工作提供足够的工作电流。

5．数码管。

数码管通常有发光二极管（LED）数码管和液晶（LCD）数码管，本实验提供的为液晶（LCD）数码管。

6．直流稳压电源。

在电子电路中，通常都需要电压稳定的直流电源供电。它是由电源变压器、整流、滤波和稳压电路等四部分组成。本设计采用的直流稳压电源，输入为7.5V的交流电，输出为5V左右的稳定电压。

7．校时电路。

利用按键和与门或者或门的结合，接编码电路的低位引脚，当时钟不准确时按下按键产生上跳沿或下跳沿实现加一功能，从而成功校时。

8．清零及进位电路。

74HC90 译码器利用下跳沿触发，把高位引脚接至下一译码器，当出现最高数时立刻全部清零并进位。

实验十六 四路智力竞赛抢答器

一、实验目的

1. 进一步掌握优先编码器的工作原理。
2. 进一步掌握译码显示的原理。
3. 熟悉多路抢答器的工作原理。
4. 了解简单数字系统实验的调试及故障排除的方法。

二、实验器材

1. 脉冲源（可以使用外接信号源，也可以使用实验箱所带信号源）。
2. 数字万用表等实验室常备工具。
3. 4511 译码器 1 片
   4013 双 D 触发器 2 片
   数码管 1 个
   74LS20 1 片
   74LS30 2 片
   10kΩ 电阻 5 个
   开关 5 个

三、实验原理

本实验要实现的多路智力竞赛抢答器的功能是：

① 同时可供多人参加比赛，从 0 开始给它们编号，各用一个抢答按钮，第一个按下抢答器的参赛者数码管显示对应的数字并报警。

② 给主持人设置一个控制开关，用来控制系统的清零和抢答的开始。

③ 抢答器具有数据锁存和显示的功能。抢答开始后，若有选手按下抢答按钮，编号立即锁存，并在 LED 数码管上显示该选手的编号，同时扬声器给出声响提示。此外，还要封锁输入电路，禁止其他选手抢答。优先抢答选手的编号一直保持到主持人将系统清零为止。

四路智力竞赛抢答器的组成电路图如图 4-16-1 所示。

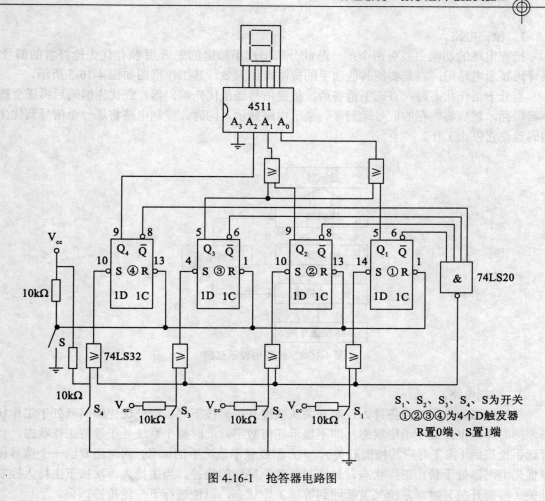

图 4-16-1 抢答器电路图

一般来说,多路智力竞赛抢答器的组成电路图如图 4-16-2 所示。

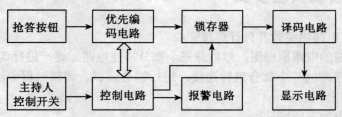

图 4-16-2 多路智力竞赛抢答器的组成框图

其工作过程是:接通电源后,节目主持人将开关置于清除位置,抢答器处于禁止工作状态,编号显示器灭灯,当节目主持人宣布抢答开始并将开关置于开始位置,抢答器处于工作状态,当选手按键抢答时,优先编码器立即分辨出抢答器的编号,并由锁存器锁存,然后由编码显示电路显示编号,同时,控制电路对输入编码进行封锁,避免其他选手再次进行抢答。当选手将问题回答完毕,主持人操作控制开关,使系统回复到禁止工作状态,以便进行下一轮的抢答。

1. 抢答电路。

抢答电路的功能主要有两个：一是能分辨出选手按键的先后，并锁存优先抢答者的编号，供译码显示电路用；二是要使其他选手的按键操作无效。其工作框图如图 4-16-3 所示。

当处于工作状态时，有选手抢答后，按键信号送至优先编码器，经优先编码后再送至锁存器锁存，然后将锁存的信号送到译码显示电路显示，同时，控制电路将送一个信号到优先编码器使它停止工作。

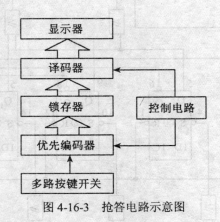

图 4-16-3　抢答电路示意图

2．控制电路。

控制电路的作用是当主持人控制开关（按键开关）按下时，则使优先编码器处于工作状态，同时译码电路处于消隐状态，即不显示任何数字。此时整个系统处于等待工作状态。当有选手抢答后（按下对应的按键开关），一方面要显示该选手的编号，同时还要给一个信号使得优先编码器处于禁止工作状态，封锁其他选手可能的抢答。当主持人再次按下主持人控制开关（按键开关）时，系统又重新回到等待工作状态，以便进行下一轮抢答。

四、实验内容及实验步骤

注意：所有电路由实验者自行焊接完成。

1．画出详细的电路原理图，然后分三个部分搭建电路，逐一进行调试。

2．将功能正常的三个部分进行连接，进行综合调试。调试过程中注意将对应输入、输出接口作标记空出。

3．调试阶段如下所述：

按"主持人控制开关"复位，译码显示电路将处于消隐状态。此时抢答器就进入抢答阶段。按下四个按键开关中的任意一个，就将显示所对应的号码，再按其他任意一个按键时都不会改变显示的值。再按"主持人控制开关"复位，译码显示电路处于消隐状态，清除上次显示的数据，数码管不显示任何数据，同时抢答器处于抢答输入阶段。重复上述过程，进行下一轮抢答。

附录　部分集成电路引脚排列图

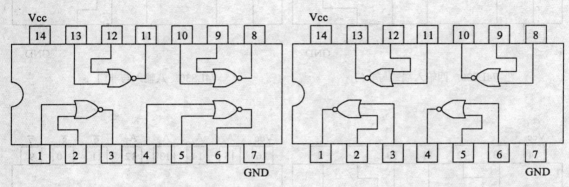

74LS00　二输入端四与非门　　　　74LS02　二输入端四或非门

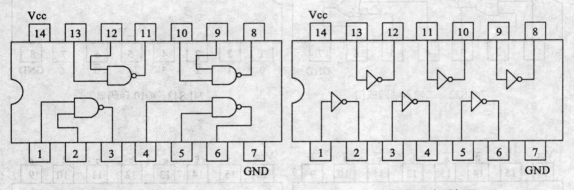

74LS03　二输入端四与非门（OC）　　74LS04　六反相器

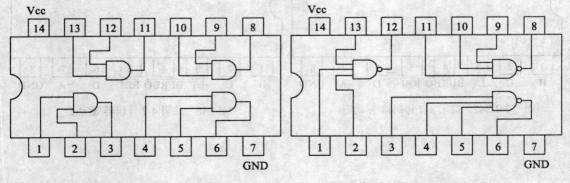

74LS08　二输入端四与门　　　　74LS10　三输入端三与非门

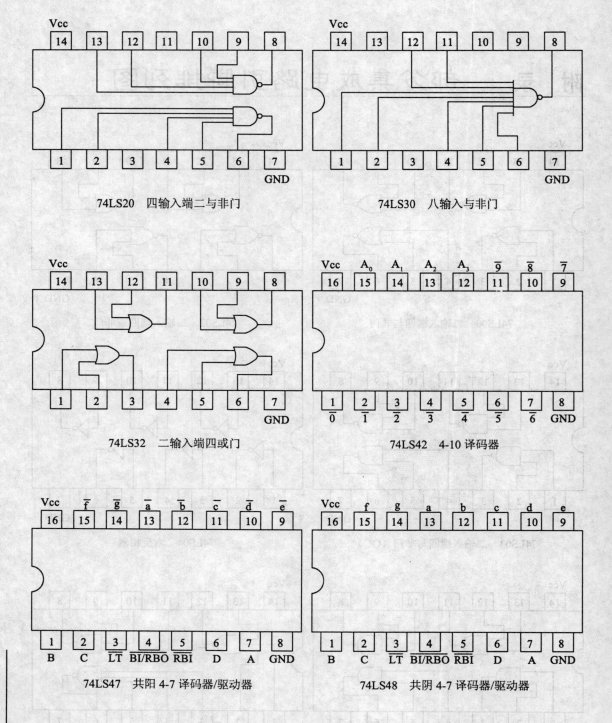

附　录　部分集成电路引脚排列图

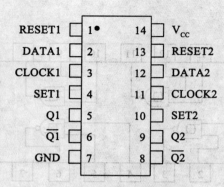

74LS74　上升沿 D 触发器

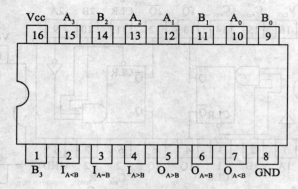

74LS85　集成数值比较器

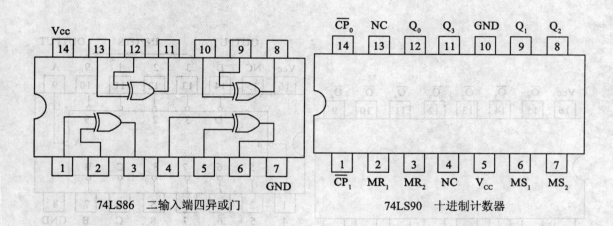

74LS86　二输入端四异或门

74LS90　十进制计数器

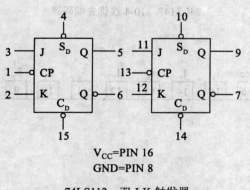

V_{CC}=PIN 16
GND=PIN 8

74LS112　双 J-K 触发器

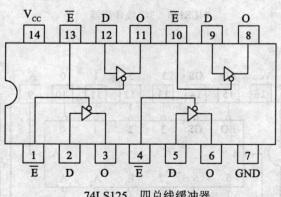

74LS125　四总线缓冲器

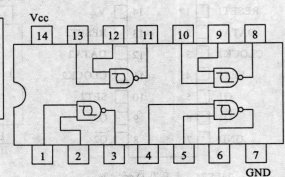

74LS123 双可重触发单稳态触发器

74LS132 二输入四与非门（施密特触发）

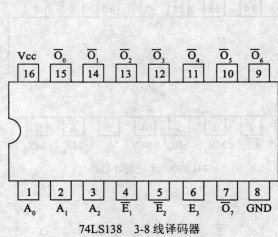

74LS138 3-8线译码器

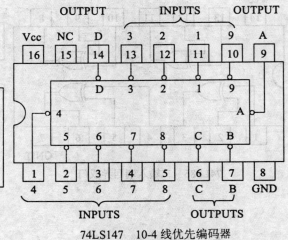

74LS147 10-4线优先编码器

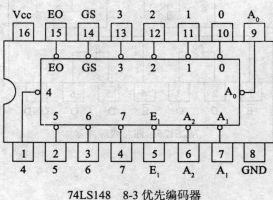

74LS148 8-3优先编码器

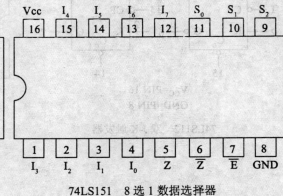

74LS151 8选1数据选择器

附 录 部分集成电路引脚排列图

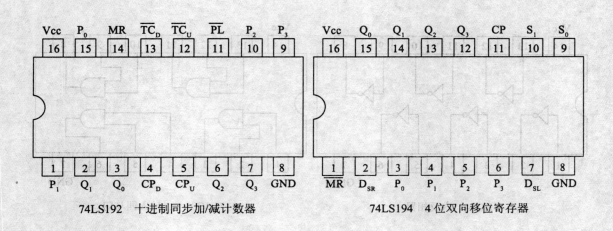

74LS153 双4选1数据选择开关

74LS161 4位二进制同步加法计数器

74LS192 十进制同步加/减计数器

74LS194 4位双向移位寄存器

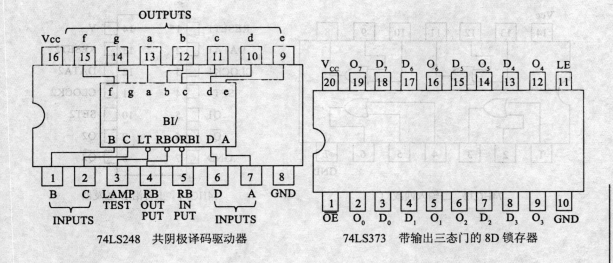

74LS248 共阴极译码驱动器

74LS373 带输出三态门的8D锁存器

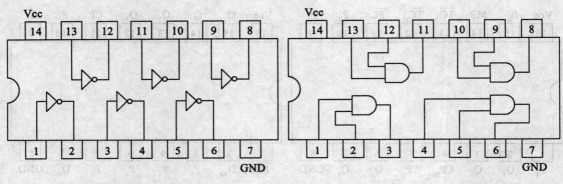

74HC00 二输入端四与非门   74HC02 二输入四或非门

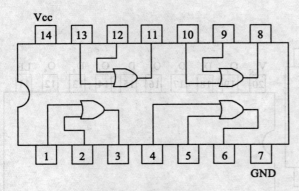

74HC04 六反相器   74HC08 二输入四与门

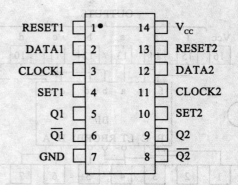

74HC32 二输入四或门   74HC74 上升沿 D 触发器

附录 部分集成电路引脚排列图

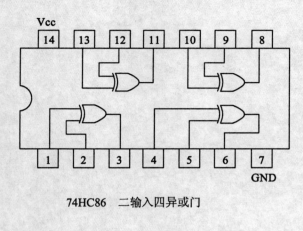

74HC86 二输入四异或门

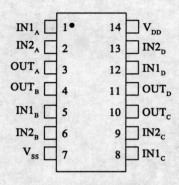

CD4001 二输入端四或非门

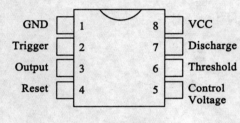

555 定时器

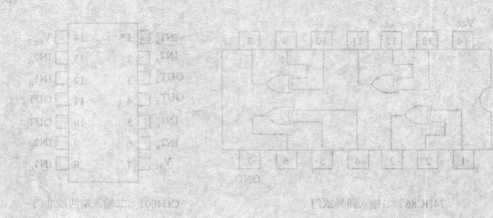

74HC08 与门内部结构图　　　　CD4001 与非门内部结构图

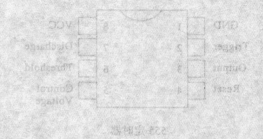

555定时器

计算机系列教材书目

计算机文化基础（第二版）	刘永祥等
计算机文化基础上机指导教程（第二版）	胡西林等
计算机文化基础	刘大革等
计算机文化基础实验与习题	刘大革等
计算机导论	龚鸣敏等
Java 语言程序设计	赵海廷等
Java 语言程序设计实训	赵海廷等
C 程序设计（第二版）	郑军红等
C 程序设计上机指导与练习（第二版）	郑军红等
3ds max7 教程	彭国安等
3ds max7 实训教程	彭国安等
3ds max9 教程（第二版）	彭国安等
数据库系统原理与应用（第二版）	赵永霞等
数据库系统原理与应用——习题与实验指导（第二版）	赵永霞等
Visual C++ 程序设计基础教程	李春葆等
线性电子线路	王春波等
网络技术与应用	黄 汉等
信息技术专业英语	江华圣等
Visual FoxPro 程序设计	龙文佳等
AutoCAD 2006 中文版教程	王代萍等
Visual C++面向对象程序设计教程	郑军红等
Visual C++面向对象程序设计实验教程	彭玉华等
计算机组装与维护	杨凤霞等
数据库原理与 SQL Server 应用	高金兰等
数字电子技术基础	王春波等
计算机电子类基础实验指导书	王春波等

计算机系列教材书目

计算机文化基础（第二版）   刘永超
计算机文化基础上机指导与实训（第二版）   韩树林
计算机文化基础   戎大军
中等职业学校计算机文化基础实训教程   汉翠莲
计算机基础   耿明轩
Java语言程序设计   杨晓辉
Java程序设计实验教程   骆焦煌
C程序设计（第二版）   耿惠欣
C语言程序上机指导与实训习题解答（第二版）   耿惠欣
3ds max7基础   刘国安
3ds max7实训教程   刘国安
3ds max9教程（第二版）   池国华
微型计算机原理与接口技术（第二版）   赵永德
微型计算机原理与接口技术——习题与实验指导（第二版）   赵永德
Visual C++程序设计与题解教程   辛井海
数据库应用教程   吴洋波
网络技术及应用   黄 文
应用技术与实训   忘王远
Visual FoxPro上机指导   茂文选
AutoCAD 2008中文版实用教程   于九涛
Visual C++面向对象与可视化程序设计   邓崇江
Visual C++面向对象与可视化程序设计实训   汪立冬
计算机应用与维护   周风鸣
数据库应用技术SQL Server的应用   南金来
微机电子技术基础   王春霞
计算机电子实验指导教程与实务   王丽霞